Python
程序设计基础教程

张庆来　张　军　苏　云 ◎编著

FOUNDATION TUTORIAL OF PYTHON PROGRAMMING

【点亮 编程之路】

兰州大学出版社
LANZHOU UNIVERSITY PRESS

图书在版编目（CIP）数据

Python 程序设计基础教程 / 张庆来，张军，苏云编著. -- 兰州：兰州大学出版社，2024. 12. -- ISBN 978-7-311-06831-8

Ⅰ. TP312.8

中国国家版本馆 CIP 数据核字第 20248KJ925 号

责任编辑　张　萍
封面设计　程潇慧

书　　名　Python 程序设计基础教程
　　　　　PYTHON CHENGXU SHEJI JICHU JIAOCHENG
作　　者　张庆来　张　军　苏　云　编著
出版发行　兰州大学出版社　（地址：兰州市天水南路 222 号　730000）
电　　话　0931-8912613（总编办公室）　0931-8617156（营销中心）
网　　址　http://press.lzu.edu.cn
电子信箱　press@lzu.edu.cn
印　　刷　西安日报社印务中心
开　　本　787 mm×1092 mm　1/16
成品尺寸　185 mm×260 mm
印　　张　11
字　　数　260 千
版　　次　2024 年 12 月第 1 版
印　　次　2024 年 12 月第 1 次印刷
书　　号　ISBN 978-7-311-06831-8
定　　价　58.00 元

前　言

在信息化浪潮席卷全球的今天，编程已不再仅仅是计算机科学领域的专属技能，而是逐渐渗透到各行各业，成为现代社会中不可或缺的一项核心能力。无论是科学研究中的数据分析、工程设计中的自动化控制，还是日常生活中的智能应用开发，编程都在其中扮演着至关重要的角色。Python，作为一种简洁、易学且功能强大的编程语言，凭借其广泛的应用场景，已经成为全球软件开发者、数据科学家、工程师以及编程初学者的首选工具之一。

本书旨在为读者提供一条从零基础到进阶的清晰学习路径，帮助读者系统地掌握Python编程的核心概念，并能够灵活运用这些知识解决实际问题。本书各章节的内容按照从基础到进阶、从理论到实践编排，内容涵盖了从编程前的准备到高级应用的各个方面，力求通过理论与实践相结合的方式，帮助读者打下扎实的编程基础，同时培养解决实际问题的能力。

本书以"理论与实践相结合"为核心理念，力求通过丰富的代码示例、详细的案例解析以及实用的项目练习，帮助读者将理论知识转化为实际编程的能力。此外，本书还特别突出以下特色：

（1）循序渐进的学习路径：从基础语法到高级特性，从理论讲解到项目实践，本书为读者提供了一条清晰的学习路径。

（2）丰富的代码示例与案例解析：每一章都包含大量的代码示例和详细解析，从而帮助读者深入理解知识点。

（3）详细的实战操作：通过学生基本信息管理系统的设计与实现，读者能够将所学知识融会贯通，从而提升解决实际问题的能力。

（4）满足不同层次读者的需求：本书既适合零基础的初学者使用，也适合有一定编程经验的读者参考。对于初学者，本书从基础知识入手，循序渐进地引导他们掌握Python编程的核心概念；对于有一定编程经验的读者，本书提供了Python编程的进阶内容，帮助他们进一步提升编程技能。

编程是一项充满挑战和乐趣的技能，它不仅能够帮助我们解决实际问题，还能够培养我们的逻辑思维能力和创造力。希望本书能够成为你学习Python编程的良师益友，帮助你在编程的世界中不断探索和成长。

由于编写团队水平有限，书中疏漏及不足之处在所难免。如有问题或发现错误，烦请直接与编写团队联系，不胜感激！电子邮箱：billwood@lzu.edu.cn。

编　者

2024年12月

目　录

第一章　编程前的准备工作 ·· 001

第一节　关于编程 ··· 001

第二节　关于 Python ··· 002

第三节　编写一个 Python 程序 ·· 003

第四节　搭建 Python 开发环境 ·· 006

第五节　内置函数初步 ·· 009

第六节　Python 代码风格指南 ·· 013

本章小结 ··· 016

第二章　Python 语言基础 ··· 018

第一节　字面量和简单数据类型 ··· 018

第二节　变量与赋值 ··· 021

第三节　运算符与表达式 ··· 022

第四节　格式化输出 ··· 028

本章小结 ··· 032

第三章　程序的流程控制 ··· 033

第一节　顺序结构 ·· 033

第二节　分支结构 ·· 035

第三节　循环结构 ·· 037

第四节　流程控制的综合应用 ··· 042

本章小结 ··· 046

第四章　函数与模块 ··· 047

第一节　函数的定义与调用 ·· 047

第二节　函数的参数传递 ··· 051

第三节　函数的高级特征 ··· 055

第四节　模块化程序设计 ···059

第五节　内置函数进阶 ··063

本章小结 ···065

第五章　复合数据类型 ··066

第一节　概　述 ··066

第二节　序列类型——字符串、列表与元组 ····································068

第三节　映射类型——字典 ··072

第四节　集合类型 ··075

第五节　复合数据类型的对比与选择 ··078

本章小结 ···081

第六章　异常处理机制 ··082

第一节　异常处理 ··082

第二节　断　言 ··086

本章小结 ···088

第七章　文件操作 ··090

第一节　文件的打开与操作 ··090

第二节　目录操作 ··092

第三节　文件操作的异常处理 ··094

第四节　高级文件操作 ··097

第五节　文件操作的应用场景 ··099

本章小结 ···102

第八章　面向对象编程 ··103

第一节　类与对象 ··103

第二节　类的继承与多态 ··108

第三节　类与对象的高级特性 ··113

本章小结 ···118

第九章　图形用户界面 ··120

第一节　GUI概述 ··120

第二节　Tkinter基础 ··121

第三节　常用组件 ··122

第四节 事件驱动编程 ⋯⋯⋯⋯⋯⋯⋯⋯⋯⋯⋯⋯⋯⋯⋯⋯⋯ 126

第五节 案例分析 ⋯⋯⋯⋯⋯⋯⋯⋯⋯⋯⋯⋯⋯⋯⋯⋯⋯⋯⋯ 128

本章小结 ⋯⋯⋯⋯⋯⋯⋯⋯⋯⋯⋯⋯⋯⋯⋯⋯⋯⋯⋯⋯⋯ 133

第十章 数据分析与可视化 ⋯⋯⋯⋯⋯⋯⋯⋯⋯⋯⋯⋯⋯⋯⋯ 135

第一节 概 述 ⋯⋯⋯⋯⋯⋯⋯⋯⋯⋯⋯⋯⋯⋯⋯⋯⋯⋯⋯⋯ 135

第二节 数值计算库 NumPy ⋯⋯⋯⋯⋯⋯⋯⋯⋯⋯⋯⋯⋯⋯ 137

第三节 数据分析库 Pandas ⋯⋯⋯⋯⋯⋯⋯⋯⋯⋯⋯⋯⋯⋯ 139

第四节 科学计算扩展库 SciPy ⋯⋯⋯⋯⋯⋯⋯⋯⋯⋯⋯⋯ 142

第五节 可视化库 Matplotlib ⋯⋯⋯⋯⋯⋯⋯⋯⋯⋯⋯⋯⋯ 144

第六节 可视化进阶 ⋯⋯⋯⋯⋯⋯⋯⋯⋯⋯⋯⋯⋯⋯⋯⋯⋯ 148

第七节 数据探索与分析 ⋯⋯⋯⋯⋯⋯⋯⋯⋯⋯⋯⋯⋯⋯⋯ 151

本章小结 ⋯⋯⋯⋯⋯⋯⋯⋯⋯⋯⋯⋯⋯⋯⋯⋯⋯⋯⋯⋯⋯ 153

第十一章 学生基本信息管理系统的设计与实现 ⋯⋯⋯⋯⋯ 155

第一节 系统概述 ⋯⋯⋯⋯⋯⋯⋯⋯⋯⋯⋯⋯⋯⋯⋯⋯⋯⋯ 155

第二节 数据的定义与扩展 ⋯⋯⋯⋯⋯⋯⋯⋯⋯⋯⋯⋯⋯⋯ 157

第三节 学生信息管理功能的实现 ⋯⋯⋯⋯⋯⋯⋯⋯⋯⋯⋯ 159

第四节 用文本文件实现数据的持久化 ⋯⋯⋯⋯⋯⋯⋯⋯⋯ 163

本章小结 ⋯⋯⋯⋯⋯⋯⋯⋯⋯⋯⋯⋯⋯⋯⋯⋯⋯⋯⋯⋯⋯ 165

参考文献 ⋯⋯⋯⋯⋯⋯⋯⋯⋯⋯⋯⋯⋯⋯⋯⋯⋯⋯⋯⋯⋯⋯⋯ 166

第一章 编程前的准备工作

📖 **学习目标**

（1）理解编程的基本概念。

（2）了解 Python 语言的演进与特点。

（3）掌握 Python 的安装与环境配置，能够选择合适的 IDE 编写 Python 程序。

（4）理解并使用内置函数。

（5）能遵循 Python 代码风格指南编写程序。

在数字化时代，编程正在不断地改变着我们的生活和工作方式。编程不仅是一种技术工具，它还是一种思维方式——通过编写程序来解决实际问题。本章旨在帮助读者了解编程的基本概念，认识 Python 语言的独特性，熟悉编程之前所要做的准备工作。

第一节 关于编程

编程的本质可以简单地理解为：为计算机编写指令，使其执行特定任务。这个过程不仅涉及编程语言的语法和规则，还包括逻辑思维和解决问题的能力。最早的机器语言是计算机能够理解的唯一语言。随着时间的推移，程序员们开发出了更多更加高级和人性化的编程语言，使得编程变得更加直观和易于学习。

编程经历了从早期的汇编语言到现在的高级语言的发展，编程的方式、工具和应用场景都发生了显著变化。例如，早期的程序员需要手动管理内存和处理复杂的计算，而现代高级语言如 Python、Java 和 C# 等，则可以自动处理许多复杂的底层操作，程序员能够更加专注于业务逻辑的实现。

如今，编程已应用于各个领域。在商业领域，企业利用编程来优化流程，提高效率，并创造新的商业模式。在科学研究领域，编程帮助研究人员处理和分析大量数据，从而揭示科学新现象……编程已成为解决复杂问题的一种重要工具。

第二节 关于Python

一、Python语言的演进与主流版本

Python 自 1991 年首次发布以来，经历了多个版本的演进。Python 1.0 引入了一些基本的语法和功能。1994 年，Python 2.x 发布，Python 2.x 引入了许多新特性，这使得编程变得更加灵活和强大。Python 2.x 虽然在其巅峰时期广受欢迎，但随着时间的推移，开发者们逐渐意识到其设计的一些局限性，尤其是在 Unicode 支持和标准库的一致性方面。

2008 年，Python 3.x 正式发布。Python 3.x 是当前的主流版本，引入了许多新特性，并进行了许多改进，支持更为丰富的语法和库，广泛应用于现代软件开发。Python 3.x 的设计目标是消除 Python 2.x 中的一些缺陷，使语言更加简洁、可读。因此，尽管 Python 2.x 拥有大量的用户，但官方在 2020 年停止了对 Python 2.x 的支持，鼓励开发者使用 Python 3.x。

对于初学者来说，了解不同版本之间的差异是非常重要的。选择合适的 Python 版本可以帮助用户充分利用 Python 的强大功能，从而避免在程序开发后期遇到麻烦。对于新项目，建议始终使用 Python 3.x。

二、Python语言的特点

Python 的魅力在于其简洁、易读的语法和强大的标准库。作为一种高级编程语言，Python 具有以下几个显著的特点：

（1）简洁、易读的语法：Python 的语法非常直观，初学者能够更快地上手，而经验丰富的开发者也能够高效地编写和维护代码。

（2）动态类型：Python 是一种动态类型的语言，这意味着在程序运行时可以根据赋值的对象类型来确定变量类型。这使得编程更加灵活，同时也要求开发者在编程时要更加小心，以避免出现潜在的类型错误。

（3）自动管理内存：Python 具有自动管理内存的功能，通过垃圾回收机制可自动释放不再使用的对象，减少开发者手动管理内存的负担。

（4）丰富的标准库：Python 提供了一个功能强大的标准库，涵盖了文件处理、网络通信、数据解析、数据库操作等多个模块，开发者可以直接使用这些模块来加快程序开发的速度。

（5）广泛的应用领域：Python 在数据科学、人工智能、Web 开发、自动化脚本等领域都有广泛应用，已成为众多开发者和数据分析师首选的计算机语言。

Python 不仅适合初学者使用，也受到专业开发者的青睐。无论是快速原型开发还是大型项目开发，Python 都能够提供高效的解决方案。

三、Python的设计哲学：Python之禅

Python 的设计哲学强调代码的可读性和简洁性，这在 Tim Peter 编写的《Python 之

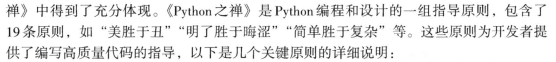

禅》中得到了充分体现。《Python之禅》是Python编程和设计的一组指导原则，包含了19条原则，如"美胜于丑""明了胜于晦涩""简单胜于复杂"等。这些原则为开发者提供了编写高质量代码的指导，以下是几个关键原则的详细说明：

（1）美胜于丑：代码不仅需要功能完备，更需要有美感。优美的代码能够提高程序的可维护性，减少开发者在阅读和修改代码时的困扰。

（2）明了胜于晦涩：代码的目的和逻辑应尽量清晰，避免使用晦涩的表达方式。明确的代码有助于其他开发者理解程序的功能和目的。

（3）简单胜于复杂：复杂的解决方案往往难以维护，简单的解决方案更容易理解和实现。因此，在设计解决方案时，尽量选择简单有效的方式。

（4）错误不应该悄无声息地通过：在编写程序时，务必对潜在的错误进行处理，确保程序能够给出明确的错误信息。

（5）在可读性和效率之间，应该优先考虑可读性：虽然性能优化非常重要，但首先要确保代码的可读性。可读性高的代码可使团队协作变得更容易，并有助于长远维护。

理解并遵循《Python之禅》的原则，将帮助读者编写出高质量的代码，提升编程的乐趣与效率。

第三节　编写一个 Python 程序

一、Python的安装

在迈入编程的世界之前，首先要确保用户的计算机上已经安装了 Python。要检查是否已成功安装 Python，可以通过以下步骤进行：

（1）单击任务栏上的▉按钮。[①]

（2）在窗口顶部的搜索栏输入"python"后按Enter键。若搜索结果出现如图1-1所示界面，在窗口中对应的 Python 3.11(64-bit)处单击，出现如图1-2所示的 Python 交互窗口，其提示符为>>>，则表明该计算机已经成功安装了Python解释器。

也可在命令提示符窗口中输入以下命令：

```
python --version
```

回车执行命令后，系统将返回 Python 的版本号，如图1-2所示的 Python 3.11.9。这表示 Python 已成功安装并可以使用。如果系统返回"未找到命令"或类似提示，则说明用户的计算机上未安装 Python 或 Python 系统环境变量设置不正确。此时，用户需要前往 Python 官网[②]下载并安装适合用户操作系统的 Python 版本，或在高级系统设置中增加 Python 的系统环境变量。

[①] 本书默认的操作系统为 Win 10 或 Win 11。macOS 或 Linux 系统下的相关操作可参考 Python 官方文档。

[②] https://www.python.org/downloads/

图1-1　在开始窗口中检查系统是否安装了Python

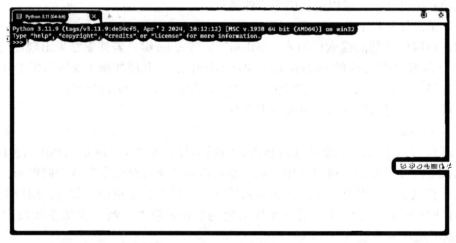

图1-2　Python交互执行界面

二、在终端交互中运行 Python 程序

一旦确认 Python 安装无误，就可以在终端运行简单的 Python 程序。打开终端，进入交互模式。在交互模式的提示符>>>后输入 Python 代码。任何合法的 Python 代码都可以

直接输入并被立即执行。如输入以下代码：

```
print("Hello, World!")
```

按下回车键，用户将看到输出结果：

```
Hello, World!
```

这条指令使用Python内置的print()函数，输出了一条信息。这个过程非常适合快速测试和调试代码。用户可以输入不同的表达式和语句，来观察它们的输出效果。如输入以下数学运算：

```
>>> 3 + 5
8
>>> 10 * 2
20
```

在交互模式下，每次输入命令后都可以立即得到反馈。交互模式非常适合初学者学习，同时交互模式也是专业开发者调试代码的有效工具。

此外，交互模式也可以定义变量，并进行更复杂的操作。例如：

```
>>> a = 10
>>> b = 5
>>> c = a * b
>>> print(c)
50
```

通过这种方式，用户可以逐步了解Python的语法和功能，培养自己的编程直觉。在交互模式中实验，不仅能够加深用户对Python基础知识的理解，还能激发其创造力，让其想出更多有趣的小项目。

三、在集成开发和学习环境中运行Python程序

除了终端，Python自带的集成开发和学习环境（integrated development and learning envionment，IDLE）也是一个良好的选择。IDLE提供了一个图形用户界面，它不仅支持交互式命令行，还允许创建、编辑和运行Python脚本。

启动IDLE后，用户将看到一个交互窗口。与终端的命令行界面相比，IDLE的界面更友好，尤其适合那些刚接触编程的用户。在IDLE中，用户可以直接输入Python代码。IDLE类似于终端，但它还提供了语法高亮、代码补全和调试功能，使得编码更加高效。

在IDLE中，尝试输入以下代码：

```
print("Hello, IDLE!")
```

按下回车键，结果将会在窗口下方显示。IDLE同样支持输入多行代码，如在IDLE中创建一个简单的计算器程序：

```
def add(a, b):
    return a + b


print(add(3, 4))   # 输出:7
```

Python程序设计基础教程

当用户欲将代码保存为脚本时，可以通过"文件"菜单选择"新建文件"命令，然后在新打开的窗口中编写代码。编写完成后，选择"保存"命令，并为文件命名，确保文件扩展名为 .py。例如，用户可以将文件保存并命名为calc.py。

运行脚本同样简单。在 IDLE 的菜单中选择"运行"→"运行模块"，或者直接按下F5键，IDLE 将执行用户编写的代码并显示结果。IDLE 提供的这种图形化界面和简洁的操作流程，让初学者能够更加专注于编写代码，而无须担心复杂的命令行操作。

四、用IDLE编写Python程序

以下是通过IDLE编写的一个简单Python程序的示例，要求计算并输出圆的面积：

```python
import  math

def  circle_area(radius):
    """计算圆的面积"""
    return  math.pi * (radius ** 2)

radius = float(input("请输入圆的半径: "))
area = circle_area(radius)
print("圆的面积是:", area)
```

在这个程序中，首先导入 math 模块，以便使用数学常量 pi；然后定义一个名为 circle_area 的函数，计算给定半径的圆的面积；最后使用input()函数获取用户输入的值，并调用 circle_area 函数输出结果。

这种方式不仅能够帮助用户理解函数的定义与调用，还能够让用户练习输入与输出的基本操作。用户可以在 IDLE 中运行这个程序，输入不同的半径值，并观察输出的变化，从而巩固对 Python 语法的理解。

第四节 搭建 Python 开发环境

在学习 Python 编程的过程中，搭建一个合适的开发环境是必要且重要的。本节将介绍如何在 Windows、masOS 和 Linux 这些主流操作系统上安装 Python 解释器、配置环境以及选择合适的开发工具。

一、在Windows操作系统上安装Python解释器

在 Windows 操作系统上安装 Python 非常容易。首先，访问 Python 官方网站（https://www.python.org/downloads/），在下载页面选择适合用户操作系统的安装包。对于大多数用户来说，选择最新的 Python 3.x 版本是一个明智的选择。

下载完成后，运行安装程序，如 python-3.11.9-amd64.exe（本书写作时与作者笔记本电脑相匹配的版本）。安装过程中，确保勾选"Add Python to PATH"选项。这一步非常重要，因为它允许用户在命令提示符中直接使用 Python，而无须手动配置系统路径。

完成选择后，点击"Install Now"按钮，安装程序将自动完成安装。

安装完成后，用户可以通过第三节中的相关步骤确认Python是否安装成功。

二、在其他主流操作系统上安装Python解释器

macOS和Linux用户可以参考Python官方文档安装Python，其文档地址分别为：

macOS：https://docs.python.org/zh-cn/3/using/mac.html

Linux：https://docs.python.org/zh-cn/3/using/unix.html

三、环境配置

安装Python后，正确配置开发环境至关重要。这将确保用户能够顺利运行Python代码，并使用第三方库。在Windows系统中，安装Python时已经选择了"Add Python to PATH"选项，这通常会自动完成环境变量的设置。

此外，最好确保安装并升级了pip，这是Python的包管理工具。通过pip，用户可以轻松安装和管理第三方库。Python 3.4及以上版本通常会自动安装pip，用户可以在命令提示符中运行以下命令以确认其是否安装成功：

```
pip --version
```

如果没有安装或升级到最新pip，可以使用以下命令：

```
python -m pip install --upgrade pip
```

一旦pip安装成功，用户便能通过简单的命令轻松安装所需的库，例如：

```
pip install numpy
```

这些库不仅为用户的项目提供了强大的功能支持，还能显著提升程序开发效率，使用户更加专注于实现核心业务逻辑。

四、选择第三方集成开发环境

除了Python自带的IDLE，市场上还有许多优秀的第三方集成开发环境（IDE），为开发者提供更加丰富的功能。选择一个合适的IDE可以大大提高编程效率。限于篇幅，下面仅简单介绍3款在国内高校Python程序设计教学中常用的免费版IDE。

1. PyCharm

PyCharm是JetBrains开发的一款强大的IDE，特别适合Python程序开发。它提供了智能代码提示、强大的调试工具和版本控制集成等功能。对于大型项目，PyCharm的项目管理功能非常有用。

在使用PyCharm时，用户可以创建新项目、管理依赖库、编写单元测试，甚至进行数据库管理。PyCharm有免费社区版和收费专业版，初学者可以先从社区版开始学习，其功能足够支持绝大多数程序开发需求。

PyCharm的安装可以参考其官方文档[1]。

2. Jupyter Notebook

Jupyter Notebook是一个交互式的计算环境，非常适合Python编程教学演示、数据分

---

[1]https://www.jetbrains.com/help/pycharm/installation-guide.html

析和机器学习。通过Jupyter，用户可以以文档的形式混合代码、文本和可视化效果，非常方便展示分析过程。

安装Jupyter Notebook可以通过 pip 命令实现：

```
pip install notebook
```

安装完成后，输入Jupyter Notebook命令即可在浏览器中启动Jupyter环境。

3. Visual Studio Code

Visual Studio Code常简写为VS Code或VSC。它是一款由微软公司开发的轻量级开源代码编辑器，广泛应用于包括Python在内的多种编程语言的开发。VS Code拥有强大的插件系统，可以根据需求安装Python插件，从而获得语法高亮、自动补全、调试支持等功能。

五、Visual Studio Code安装与配置

（一）下载与安装

访问VS Code官网[①]下载适合用户操作系统的安装包。下载完成后，按照提示完成安装。在安装过程中，用户可以选择是否添加到路径，强烈建议勾选此项，以便在命令行中直接调用。

（二）安装Python扩展

打开VS Code，进入扩展市场。在左侧边栏中点击扩展图标，在搜索框中输入"Python"，找到Microsoft 提供的Python扩展并安装。此扩展支持语法高亮、智能提示和调试功能。

（三）配置 Python 解释器

安装完Python扩展后，确保正确配置Python解释器。在VS Code中，按下 Ctrl + Shift + P组合键（Windows 或 Linux 操作系统）或 Cmd + Shift + P 组合键（macOS 操作系统），打开命令面板，输入并选择 "Python: Select Interpreter"。选择合适的 Python 版本，确保VS Code 能够找到 Python 解释器。

（四）编写与运行代码

通过创建新的 Python 文件（以 .py 为后缀），用户可以开始编写代码。在编辑器中输入以下简单代码：

```
print("Hello, Visual Studio Code!")
```

保存文件后，用户可以通过右键菜单选择 "Run Python File in Terminal"，或使用快捷键 Ctrl + F5 来运行代码，终端窗口将显示输出结果。

---

① https://code.visualstudio.com/

第五节　内置函数初步

在Python编程中，内置函数是最基本且最常用的工具之一。这些函数被设计为可在任何Python程序中使用，为程序员提供了基本输入输出、高效处理数据、控制程序流程等功能。理解并熟练运用这些内置函数，是编程学习不可或缺的环节。本节将介绍几个Python的常用内置函数，包括print()、input()及其他常用函数，并提供相应的示例，以帮助读者更好地理解和应用内置函数。

一、print()

print()函数是Python中最基本也是最常用的内置函数之一。在缺省状态下，它的主要作用是将程序输出到控制台。

（一）可选参数

print()函数提供了多个可选参数，可以让程序员自定义输出的格式。常用的参数包括sep和end：

（1）sep: 设置输出项之间的分隔符，默认为空格。使用这个参数，可以控制输出的格式。例如：

```
print("Hello", "World", sep=", ")
```

输出结果将是"Hello, World"。

（2）end: 设置输出结束时的字符，默认为换行符，也可以将其更改为其他字符，例如：

```
print("Hello", end="! ")
print("World")
```

这段代码将输出"Hello! World"，将两个print调用的输出合并在同一行。

（二）打印多个对象

print()函数可以同时打印多个对象。例如：

```
x = 10
y = 20
print("x =", x, "and y =", y)
```

运行结果为：

```
x = 10 and y = 20
```

这里，print()函数自动为各个对象添加了空格作为分隔符。

（三）格式化输出

除了基本的输出方式，print() 函数还支持字符串格式化。可以使用 f-string（格式化字符串）来实现更灵活的输出格式。例如：

```
name = "Alice"
```

```
age = 30
print(f"{name} is {age} years old.")
```

输出结果为：

```
Alice is 30 years old.
```

通过这种方式，可以方便地将变量的值嵌入输出字符串中，从而生成动态内容。

（四）自定义输出格式

使用 str.format() 方法也可以实现格式化输出，这种方法在 Python 3.x 版本之前被广泛使用。例如：

```
name = "Bob"
age = 25
print("{} is {} years old.".format(name, age))
```

输出结果为：

```
Bob is 25 years old.
```

这种方法在处理多个变量时更加灵活，特别是在需要指定格式或顺序时。

二、input()

input() 函数用于获取用户输入。它会在控制台显示提示信息，并等待用户输入数据，输入的数据作为字符串返回。例如：

```
name = input("请输入用户的名字: ")
print("用户好," + name + "!")
```

当程序运行时，会提示用户输入名字，随后输出问候语。如用户输入 Alice，则输出结果为：

```
用户好,Alice!
```

（一）输入数据的类型

需要注意的是，input() 函数返回的始终是字符串类型。如果需要进行数值计算，就必须进行类型转换。例如：

```
age = input("请输入用户的年龄: ")
age = int(age)  # 将输入的字符串转换为整数
print(f"用户明年将 {age + 1} 岁。")
```

这种情况下，如果用户输入 30，程序会输出：

```
用户明年将 31 岁。
```

在这个示例中，首先使用 input() 函数获取用户的年龄，然后将其转换为整数，以便进行数值运算。

（二）自定义提示信息

可以根据用户需要自定义 input() 函数的提示信息。例如：

```
favorite_color = input("用户最喜欢的颜色是什么? ")
print(f"用户最喜欢的颜色是 {favorite_color}。")
```

通过自定义提示信息，能够使用户体验更好，从而提高程序的交互性。

（三）验证用户输入

在实际应用中，往往需要验证用户的输入是否有效。例如，确保用户输入的是一个正整数：

```python
age = input("请输入用户的年龄（数字）:")

while not age.isdigit():
    print("请输入有效的数字。")

    age = input("请再试一次:")

age = int(age)
print(f"用户明年将 {age + 1} 岁。")
```

在这个示例中，使用 isdigit() 来验证用户输入的是否为数字。如果用户输入的信息无效，程序会提示用户重新输入。

三、其他常用的内置函数

除了 print() 和 input()，Python 还提供了一些其他常用的内置函数，帮助我们处理数据类与 Python 交互。以下是部分其他常用的内置函数：

（一）help()

help() 函数用于获取 Python 对象的帮助文档。它可以显示函数、模块、类、方法等的详细说明。例如：

```python
help("len")
```

运行上述代码后，Python 会显示 len() 函数的详细帮助文档，包括函数的描述、参数、返回值等信息。这在学习和使用不熟悉的函数或模块时非常有用。

（二）dir()

dir() 函数用于列出对象的所有属性和方法。它可以显示模块、类、实例等对象的成员列表。例如：

```python
print(dir("Hello"))
```

运行上述代码后，Python 会列出字符串 Hello 的所有属性和方法，例如__add__、__len__、upper、lower 等。这在探索对象的可用功能时非常有用。

（三）type()

type() 函数用于返回对象的类型。它可以帮助程序开发者了解变量的类型，从而做出相应的处理。例如：

```python
print(type(123))     # 输出: <class 'int'>
print(type("Hello"))  # 输出: <class 'str'>
```

通过 type() 函数，我们可以清楚地知道变量的具体类型。

（四）len()

len() 函数用于返回对象的长度，例如字符串、列表或元组等。例如：

```python
length = len("Hello")
print(length)   # 输出: 5
```

len() 函数将返回字符串 Hello 的长度，即 5。这在处理字符串和容器类型时非常有用。

（五）str()

str() 函数用于将对象转换为字符串。此函数在需要将数字或其他数据类型转换为字符串时非常有用。例如：

```python
num = 123
str_num = str(num)
print(str_num)   # 输出: '123'
```

这种转换在需要生成字符串输出时尤其重要。

（六）int()

int() 函数用于将字符串或浮点数转换为整数。例如：

```python
str_num = "456"
num = int(str_num)
print(num)   # 输出: 456
```

在此示例中，字符串 456 被成功转换为整数 456。这在进行数值计算时非常有用。

（七）float()

float() 函数用于将字符串或整数转换为浮点数。例如：

```python
str_float = "3.14"
num_float = float(str_float)
print(num_float)   # 输出: 3.14
```

这种转换对于需要进行浮点运算的场景尤其重要，可确保计算的准确性。

除了上述函数，Python还提供了许多其他内置函数，如max()、min()、sum()、sorted()等，这些函数在处理数据时非常有用。例如：

（1）max(): 返回可迭代对象中的最大值，例如：

```python
numbers = [1, 2, 3, 4, 5]
print(max(numbers))   # 输出: 5
```

（2）min(): 返回可迭代对象中的最小值，例如：

```python
print(min(numbers))   # 输出: 1
```

（3）sum(): 返回可迭代对象中所有元素的和，例如：

```python
print(sum(numbers))   # 输出: 15
```

（4）sorted(): 返回排序后的列表，例如：

```python
print(sorted(numbers, reverse=True))   # 输出: [5, 4, 3, 2, 1]
```

三、综合示例

以下是一个使用多个内置函数的综合示例：

```python
numbers = input("请输入一组数字,用空格分隔:")
numbers_list = numbers.split()   # 将输入的字符串分割为列表
numbers_list = [int(num) for num in numbers_list]   # 转换为整数列表

print("输入的数字:", numbers_list)
print("最大值:", max(numbers_list))
print("最小值:", min(numbers_list))
print("总和:", sum(numbers_list))
print("平均值:", sum(numbers_list) / len(numbers_list))
print("排序后列表:", sorted(numbers_list))
```

在这个示例中，首先使用input()函数获取用户输入的一组数字，并要求用户用空格分隔这些数字。例如，如果用户输入"1 2 3 4 5"，程序将继续处理这些数据：

（1）分割字符串：使用split()方法将输入的字符串按空格分割成一个列表，结果为['1', '2', '3', '4', '5']。

（2）转换为整数：使用列表解析将字符串列表转换为整数列表，得到[1, 2, 3, 4, 5]。

（3）输出数字：直接打印用户输入的数字列表。

（4）计算最大值：使用max()函数找出列表中的最大值，并输出。

（5）计算最小值：使用min()函数找出列表中的最小值，并输出。

（6）计算总和：使用sum()函数计算列表中所有元素的总和，并输出。

（7）计算平均值：通过将总和除以列表的长度（使用len()函数），计算出平均值并输出。

（8）排序：使用sorted()函数将数字列表按升序排列，并输出排序后的列表。

第六节　Python代码风格指南

在编写Python代码时，遵循良好的代码风格是至关重要的。这不仅可以提高代码的可读性和可维护性，还能促进团队协作，确保代码在不同开发者之间流畅交接。良好的代码风格能够使其他开发者（甚至未来的用户）更容易理解和修改代码，从而减少潜在的错误和开发时间。本节将介绍Python代码风格，包括缩进、注释、续行、换行和其他最佳实践。

一、缩进

（一）缩进的重要性

在Python中，代码缩进不仅是为了美观，而且这也是计算机语言语法的一个核心部分。Python 使用缩进来表示代码块的开始和结束，例如函数、循环、条件语句等。因此，缩进的深度决定了代码的逻辑结构。正确的缩进可以显著提高代码的可读性，反之，不一致的缩进可能导致语法错误或逻辑错误。

（二）如何进行缩进

推荐使用四个空格作为一个缩进层级。这是 Python 社区广泛认可的做法，符合 PEP 8 的建议。虽然在某些情况下可以使用制表符（Tab），但应避免在同一个文件中混合使用空格和制表符。

以下是一个正确使用缩进的示例：

```python
def greet(name):
    if name:
        print("Hello, " + name + "!")
    else:
        print("Hello, World!")
```

在上述代码中，if 语句的内部逻辑通过增加缩进层级清晰地表达了条件成立和不成立时的不同输出。

二、注释

（一）注释的作用

注释是代码中不可或缺的一部分，可以帮助开发者理解代码的逻辑、目的和使用方法。有效的注释能够为代码增添额外的上下文信息，特别是在处理复杂逻辑时。

（二）如何添加注释

（1）单行注释：使用 # 符号来添加单行注释，#后面可以跟随注释内容。例如：

```python
# 这是一个单行注释
x = 10  # 这里是 x 的值
```

（2）多行注释：使用三重引号（""" 或 '''）来添加多行注释，通常用于描述函数或类的功能。例如：

```python
def add(a, b):
    """返回两个数的和

    参数：
    a -- 第一个数
    b -- 第二个数
    """
    return a + b
```

在上面的代码中，函数的文档字符串清楚地描述了函数的功能和参数，使得后续的开发者能够快速理解函数的用途。

（三）合理使用注释

尽量避免使用过多的注释或注释过于简单的代码，因为这可能导致代码混乱。注释应该为复杂或不直观的代码提供解释，而不是对每一行代码都进行解释。

三、续行

（一）续行的必要性

当一行代码过长时，为了保持代码的可读性，可以使用续行。这对于长表达式、函数调用或数据结构定义特别重要。

（二）如何实现续行

（1）使用反斜杠（\）。例如：

```
result = a + b + c + \
        d + e + f
```

（2）使用括号。将表达式放在括号内，可以省略反斜杠，代码会自动续行。例如：

```
result = (a + b + c +
        d + e + f)
```

使用括号续行的方式通常更受欢迎，因为它提高了代码的可读性，并减少了因遗漏反斜杠而引发的错误。

四、其他最佳实践

（一）遵循 PEP 8

PEP 8（Python Enhancement Proposal 8，PEP 8）是 Python 官方的代码风格指南，涵盖了多个方面的最佳实践，包括命名规范、空行的使用、导入模块的顺序等。遵循 PEP 8 可以提高代码的整洁度，并确保代码风格的一致性。

（二）基本命名规范

（1）变量名、函数名通常使用小写字母和下划线开头（例如：my_variable）。

（2）类名使用大写字母开头的单词组合（例如：MyClass）。

（3）常量使用全大写字母和下划线（例如：MAX_VALUE）。

（4）自定义的命名要避开系统保留的命名。

（5）避免使用缩写，除非是广为人知的缩写。

（6）避免使用单个字符作为变量名，除非是简单的循环计数器。

（三）代码复杂度

尽量避免使用过于复杂的表达式和嵌套结构。如果发现某一段代码过于复杂，可考虑将其拆分为多个函数，以增加其可读性。

（四）空行的使用

在函数和类之间使用空行可以增加代码的可读性。建议在类定义之间、函数定义之间插入一个空行。类内部的方法之间也可以插入空行，以增加逻辑的分隔感。

（五）模块导入

导入模块时，建议按照以下顺序排列：标准库、第三方库和本地应用库，且每一组库之间应用空行分隔。例如：

```
import os
import sys

import requests

from mymodule import myfunction
```

遵循这些代码风格指南，可以编写出清晰且易于维护的 Python 代码。这不仅有助于提升个人编程能力，而且也可为团队合作奠定良好的基础。保持良好的代码风格是一个成熟开发者的重要标志，这将为后续的学习和实践提供强有力的支持。

本章小结

本章介绍了编程的基本概念，特别是 Python 语言的特性和编程环境的搭建。编程在现代社会中的重要性不断上升，掌握一种流行的编程语言，如 Python，对个人职业发展和技术能力提升都具有重要的作用。

首先，通过安装 Python，学习了如何配置编程环境。这是编程学习的第一步。一个合适的开发环境不仅能提高编程的效率，还能为后续学习编程打好基础。主要学习了在不同操作系统下 Python 的安装流程，包括 Windows、macOS 和 Linux 操作系统，以确保所有用户都能在自己熟悉的操作平台上顺利开始学习 Python。

接着，编写了一个 Python 程序，使用 print() 函数向控制台输出简单的文本。这一过程虽然简单，却为我们后续深入学习 Python 奠定了基础。通过运行 "print("Hello, World!")"，我们不仅了解了如何在 Python 中输出信息，还初步体验到了编程的乐趣和成就感。

然后，学习了常用的内置函数，如 input()、len()、type() 等。这些内置函数是 Python 编程的核心工具，可以帮助我们更高效地进行数据处理、用户交互和类型转换。通过多个示例展示了这些函数的实际应用，强调了如何利用这些工具来简化程序的复杂性。例如，input() 函数能够获取用户的输入数据，而 len() 函数则能快速获取对象的长度。使用这些函数能极大地提高编程效率。

最后，讨论了 Python 代码风格的最佳实践。这部分内容非常重要，因为良好的代码风格不仅能提高代码的可读性，还能促进团队合作。在编写代码时，遵循一致的缩进、合理的注释以及适当的换行规则，能够使代码更易于理解。详细讲解了如何使用 PEP 8 风格指南来规范代码，强调了注释在代码中的重要性。通过合理的命名规范和注释，其他开发者（甚至是未来的自己）能够快速理解代码的意思和结构。

练习题

1.简述编程的基本概念，并解释为什么编程在现代社会中如此重要。

2.列出Python的两大主流版本，简要描述每个版本的主要特点，并以3.9版本为例说明其新功能。

3.解释《Python之禅》中的"优美胜于丑陋"和"简单胜于复杂"这两句话的含义。

4.在终端中运行Python解释器，并输入以下代码：

```
print("Python is fun!")
```

记录输出结果。

5.在IDLE中编写并运行一个简单的Python程序（要求：提示用户输入姓名，然后输出"用户好，[姓名]!"）。

第二章　**Python**语言基础

📖 **学习目标**

（1）理解字面量和简单数据类型。
（2）掌握变量与赋值的基本概念。
（3）熟练使用运算符与表达式。
（4）掌握格式化输出的方法。

本章我们将学习Python的基本语法和数据类型，包括字面量、数据类型、变量与赋值、运算符与表达式和格式化输出。这些知识将为后续的编程学习打下坚实的基础。

第一节　字面量和简单数据类型

在Python编程中，字面量和简单数据类型是构建程序的基础。字面量是指代码中直接出现的值，如数字、字符串等，它们是编程的基本组成单元。Python提供了多种简单数据类型，包括整数、浮点数、字符串、布尔值和None，每种类型都有其独特的用途和操作方式。简单数据类型是构建程序的基础，理解这些数据类型对于编写有效的Python代码至关重要。

一、数字

Python中的数字类型包括整数、浮点数和复数。它们是Python中最基本的数据类型之一。

（一）整数

整数是没有小数部分的数字，可以是正数、负数或零。在Python中，整数的大小是有限制的，主要取决于可用内存。例如：

```
a = 10
b = -5
c = 0
```

（二）浮点数

浮点数是带有小数部分的数字，表示实数。在Python中，浮点数采用双精度浮点数格式。例如：

```
x = 3.14
y = -2.0
```

（三）虚数

虚数是以j或J结尾的数，表示复数的虚部。Python中对复数的支持使得复杂的数学运算变得简单。例如：

```
z = 2 + 3j
```

二、布尔类型

布尔类型在Python中用于表示真值的特殊数据类型，包含两个值：True 和 False。它们常用于逻辑运算和条件判断，以控制程序的流向。

（一）True、False

布尔值True和False用于表示逻辑上的真和假，常用于条件语句和逻辑运算中。例如：

```
is_valid = True
is_finished = False

if is_valid:
    print("It's valid.")
else:
    print("It's not valid.")

if is_finished:
    print("It's finished.")
else:
    print("It's not finished yet.")
```

（二）None

None是一个特殊类型，表示空值或未定义的值。它在条件语句中被视为False。例如：

```
result = None

if result is None:
    print("Result is not available yet.")
else:
    print("Result is:", result)
```

三、字符串

字符串是由字符组成的序列，可以包含字母、数字、符号等。在 Python 中可以使用单引号（'）、双引号（"）或三引号（'''、"""）表示字符串。字符串是 Python 中的一种基本数据类型，用于表示文本数据。

（一）字符串的定义

字符串可以通过不同的方式定义，可以包含任何字符，如数字和符号等。例如：

```
single_quoted_string = 'Hello, World!'
double_quoted_string = "Hello, World!"
triple_quoted_string = '''Python is fun!'''
triple_quoted_string_alt = """Python is fun!"""
```

（二）字符串的基本操作

字符串支持多种操作，如拼接、重复、索引和切片等。例如：

```
string1 = "Hello"
string2 = "World"
greeting = string1 + " " + string2  # 拼接
repeated = string1 * 2  # 重复
first_char = string1[0]  # 索引
substring = string1[0:5]  # 切片
```

四、数据类型的转换

Python 允许对不同数据类型进行转换。掌握类型转换的基本规则对于灵活编写代码至关重要。

（一）类型转换规则

1.显式类型转换

可以使用内置函数将数据从一种类型转换为另一种类型。例如：

```
num_str = "100"
num_int = int(num_str)  # 转换为整数
num_float = float(num_str)  # 转换为浮点数
```

2.隐式类型转换

在某些情况下，Python 会自动进行类型转换。在运算中，如果参与运算的变量类型不一致，Python 会自动将其转换为更高的类型。例如：

```
a = 5
b = 2.0
result = a + b  # result将是浮点数
```

（二）类型转换函数

Python 提供了一些内置函数用于类型转换，包括 int()、float()和 str()等。例如：

```
number = 10.5
num_int = int(number)    # 转换为整数
num_str = str(number)    # 转换为字符串
```

第二节　变量与赋值

变量和赋值是编写Python程序的基础。变量用于存储数据，而赋值则是将数据与变量关联起来。本节将详细介绍标识符的命名规则、变量的定义与赋值，以及常见的命名约定，以便帮助读者编写清晰、易懂的Python代码。

一、标识符命名

在Python中，标识符用于标识变量、函数和类。正确命名变量和标识符不仅能提高代码的可读性，还能增强代码的可维护性。

（一）命名规则

标识符必须遵循以下规则：

（1）只能包含字母、数字和下划线。

（2）不能以数字开头。

（3）不能使用Python的保留字。

例如：

```
valid_name = "Python"
invalid_name = "123abc"   # 以数字开头无效
```

（二）命名建议

（1）使用有意义的名称。

（2）避免使用单个字母作为变量名。

（3）遵循小写字母和下划线的风格（例如：my_variable）。

二、Python中的对象与变量引用

在Python中，变量并不是直接存储值，而是存储对象的引用。理解这一点对学习内存管理非常重要。例如：

```
x = [1, 2, 3]   # x引用了一个列表对象
y = x           # y现在也引用了同一个对象
```

三、赋值语句

赋值语句是Python编程中的核心操作之一，用于将数据分配给变量。通过赋值语句，可以将值存储在变量中，以便在程序的其他部分使用。Python提供了多种灵活的赋值方式，使得代码编写更加简洁和高效。

（一）基本赋值语句

基本赋值语句是将一个值直接赋给一个变量，例如：

```
a = 5
b = "Hello"
```

（二）多重赋值语句

Python允许在一行代码中对多个变量进行赋值，例如：

```
x, y, z = 1, 2, 3
```

（三）增量赋值

增量赋值是将运算与赋值结合的语法，常用的形式包括+=、-=等，例如：

```
a = 10
a += 5  # 等同于 a = a + 5
```

四、案例：使用变量与常量

（一）变量的使用

在Python编程中，变量是用于存储数据的容器，例如：

```
name = "Alice"
age = 30
```

（二）常量的定义

常量在Python中并没有强制的定义，通常使用全大写的变量名来表示常量，例如：

```
PI = 3.14159
MAX_SIZE = 100
```

第三节　运算符与表达式

运算符和表达式用于执行各种基本运算和逻辑操作。Python提供了丰富的运算符，包括算术运算符、比较运算符、逻辑运算符、位运算符等，使得代码编写更加灵活和高效。本节将帮助读者在Python中构建复杂的表达式。

一、运算符

运算符用于执行各种基本运算，Python支持多种运算符。

（一）算术运算符

算术运算符用于执行基本数学运算。Python提供了多种算术运算符，包括加法、减法、乘法、除法、整除、取模和幂运算等。表2-1对算术运算符进行了总结，并给出了运算示例。

表2-1 算术运算符的总结和示例

运算符	描述	代码示例
+	加法	a, b = 10, 3
−	减法	
*	乘法	print(a + b) # 输出: 13 print(a - b) # 输出: 7
/	除法	print(a * b) # 输出: 30
//	整除	print(a / b) # 输出: 3.3333333333333335
%	取模	print(a // b) # 输出: 3
		print(a % b) # 输出: 1
**	幂运算	print(a ** b) # 输出: 1000

（二）比较运算符

比较运算符用于比较两个值，返回布尔值True或False。Python提供了多种比较运算符，包括等于、不等于、大于、小于、大于等于和小于等于。表2-2对比较运算符进行了总结和运算示例。

表2-2 比较运算符的总结和示例

运算符	描述	代码示例
==	等于	a , b = 10 , 3
!=	不等于	
>	大于	print(a == b) # 输出: False print(a != b) # 输出: True
<	小于	print(a > b) # 输出: True
>=	大于或等于	print(a < b) # 输出: False print(a >= b) # 输出: True
<=	小于或等于	print(a <= b) # 输出: False

（三）逻辑运算符

逻辑运算符用于执行布尔逻辑运算，返回布尔值True或False。Python提供了三种主要的逻辑运算符：and、or和not。这些运算符常用于条件语句和逻辑表达式中，以组合多个条件来构造复杂的逻辑表达式。

1.逻辑与 (and)

and运算符用于检查两个条件是否都为True。如果两个条件都为True，则返回True；否则返回False。

```
a , b = True, False
print(a and b)  # 输出: False
print(a and a)  # 输出: True
print(b and b)  # 输出: False
```

Python程序设计基础教程

2.逻辑或 (or)

or运算符用于检查两个条件中是否至少有一个为True。如果至少有一个条件为True，则返回True；否则返回False。

```python
print(a or b)   # 输出: True
print(a or a)   # 输出: True
print(b or b)   # 输出: False
```

3.逻辑非 (not)

not运算符用于对布尔值取反。如果条件为True，则返回False；如果条件为False，则返回True。

```python
print(not a)   # 输出: False
print(not b)   # 输出: True
```

4.短路求值

逻辑运算符and和or支持短路求值。这意味着在计算表达式时，如果已经可以确定整个表达式的结果，就不会继续计算剩余的表达式。

（1）对于and运算符，如果第一个条件为False，则整个表达式为False，不会计算第二个条件。

（2）对于or运算符，如果第一个条件为True，则整个表达式为True，不会计算第二个条件。

```python
def true_function():
    print("True function called")
    return True


def false_function():
    print("False function called")
    return False


print(false_function() and true_function())  # 输出: False function called # 输出: False
print(true_function() or false_function())   # 输出: True function called # 输出: True
```

5.逻辑运算符的优先级

逻辑运算符的优先级从高到低依次为：not > and > or。可以使用括号来明确表达式的计算顺序。例如：

```python
a , b, c = True, False, True


print(a and b or c)   # 输出: True
print(a and (b or c))   # 输出: True
print((a and b) or c)   # 输出: True
```

（四）赋值运算符

赋值运算符见本章第二节。

（五）成员运算符

成员运算符用于检查一个值是否在一个序列（如列表、元组、字符串等）中。Python提供的成员运算符包括in和not in。成员运算符返回布尔值True或False。例如：

```
my_list = [1, 2, 3]

# 使用 in 运算符
exists = 2 in my_list  # 返回 True
print(exists)  # 输出: True

# 使用 not in 运算符
not_exists = 4 not in my_list  # 返回 True
print(not_exists)  # 输出: True
```

（六）身份运算符

身份运算符用于比较两个对象的内存地址是否相同。Python提供了两种身份运算符：is和is not。身份运算符返回布尔值True或False。例如：

```
a = [1, 2, 3]
b = a

# 使用 is 运算符
is_same = a is b  # 返回 True
print(is_same)  # 输出: True

# 使用 is not 运算符
c = [1, 2, 3]
is_different = a is not c  # 返回 True
print(is_different)  # 输出: True
```

二、运算符的优先级

运算符的优先级决定了在复杂表达式中运算的顺序。Python中的运算符优先级从高到低如表2-3所示。优先级高的运算符会先于优先级低的运算符进行计算。可以使用括号（()）来明确表达式的计算顺序。

表2-3 Python中运算符优先级顺序（自上而下依次降低）

优先级	运算符类型	运算符
1	幂运算	**
2	正负号	+x、-x
3	算术运算	*、/、//、%

续表2-3

优先级	运算符类型	运算符
4	算术运算	+、-
5	位运算	<<、>>
6	位运算	&
7	位运算	^
8	位运算	|
9	比较运算	==、!=、>、<、>=、<=
10	身份运算	is、is not
11	成员运算	in、not in
12	逻辑非	not
13	逻辑与	and
14	逻辑或	or

三、改变运算顺序

在编写表达式时，运算符的优先级决定了计算的顺序。为了确保以期望的顺序执行运算，使用括号是一个有效的策略。

（一）使用括号

括号不仅可以提高代码的可读性，还能强制改变运算的顺序。任何被括号包围的部分都会优先计算。例如：

```
a, b, c = 5, 10, 2

# 无括号,先执行乘法
result1 = a + b * c  # 结果为 25 (10 * 2 = 20, 5 + 20 = 25)

# 使用括号,先执行括号内的加法
result2 = (a + b) * c  # 结果为 30 ((5 + 10) * 2 = 30)
```

在上述例子中，通过在 a + b 外部加上括号改变了运算的顺序，从而得到了不同的结果。

（二）使用运算符优先级

运算符优先级规则决定了在没有括号的情况下，哪些运算会先进行。例如：

```
x, y, z = 4, 2, 3
```

```
# 无括号,先执行乘法
result = x + y * z  # 结果为 10 (2 * 3 = 6, 4 + 6 = 10)
```

如果希望先执行加法,可以使用括号:

```
result_with_parentheses = (x + y) * z  # 结果为 18 ((4 + 2) * 3 = 18)
```

通过结合运算符优先级和括号,能够精确控制复杂表达式的计算顺序。

四、表达式

表达式是由变量、常量和运算符组成的组合,其计算结果可以是一个值。理解表达式的组成和求值过程是编程的基本技能之一。

（一）表达式的组成

一个表达式可以包含多种元素,例如数字、变量、运算符和函数。表达式的组合越复杂,求值过程也会相应变得复杂。

以下是一些简单表达式的例子:

```
# 数字与运算符
simple_expression = 5 + 3  # 加法,结果为 8

# 变量与运算符
x = 10
y = 2
complex_expression = x * y + 5  # 结果为 25 (10 * 2 + 5 = 25)

# 使用函数的表达式
length = len("Hello")  # 结果为 5
```

通过将不同的元素组合在一起,程序员可以构建出复杂的逻辑与运算。

（二）表达式的求值

表达式的求值过程涉及多个步骤,Python会根据运算符的优先级和结合性来计算结果。求值顺序通常是从左到右,但在某些情况下,如使用括号可以改变这一顺序。例如:

```
a, b, c = 5, 3, 4

# 计算表达式
result = a + b * c  # 结果为 17 (先计算 b * c,再加上 a)
```

如果需要更清晰地理解求值过程,可以使用括号来明确顺序:

```
result_with_parentheses = (a + b) * c  # 结果为 32 ((5 + 3) * 4 = 32)
```

（三）eval()函数

eval()函数是一个强大的内置函数,它可以将字符串形式的Python表达式求值并返回结果。

1. 函数用法

eval()函数的基本用法如下：

```
result = eval(expression)
```

其中，expression是一个字符串，包含要计算的Python表达式。

例如：

```
expression = "3 * (4 + 5)"
result = eval(expression)  # 结果为 27
```

在这个例子中，eval()会计算字符串中的数学表达式，并返回结果。

2. 使用示例

eval()函数不仅限于简单的数学运算，也可以用来动态执行更复杂的表达式。例如：

```
x = 10
y = 5
dynamic_expression = "x + y - 3 * 2"

result = eval(dynamic_expression)  # 结果为 9 (10 + 5 - 6 = 9)
```

此外，eval()函数还可以执行内置函数和变量。例如：

```
# 动态计算平方
num = 4
square_expression = "num ** 2"
result = eval(square_expression)  # 结果为 16
```

尽管eval()的功能非常强大，但务必注意其安全性，尤其是在处理用户输入时。避免使用eval()处理不受信任的字符串，以免导致代码注入等安全风险。

第四节　格式化输出

格式化输出是编程中至关重要的一个环节，它可以帮助开发者以清晰、结构化的方式展示信息。在Python中，有多种格式化输出的方法，这些方法使得数据的呈现更为灵活和美观。本节将介绍Python的三种格式化输出方法：format()方法、%格式化运算符和f-strings。

一、format()方法

format()方法是Python中一种强大的字符串格式化方式。通过使用占位符，读者可以在字符串中动态插入变量或表达式的值。

（一）基本用法

使用大括号（{}）作为占位符，然后通过format()方法传入对应的值。例如：

```
name = "Alice"
age = 30
```

```
greeting = "My name is {} and I am {} years old.".format(name, age)
print(greeting)  # 输出: My name is Alice and I am 30 years old.
```

（二）指定位置

在占位符中可以指定参数的位置，使值的插入顺序更加灵活。

```
greeting = "My name is {1} and I am {0} years old.".format(age, name)
print(greeting)  # 输出: My name is Alice and I am 30 years old.
```

（三）格式化数字

可以使用格式说明符控制数字的显示格式，如精度和宽度。例如：

```
pi = 3.141592653589793
formatted_pi = "Pi is approximately {:.2f}.".format(pi)
print(formatted_pi)  # 输出: Pi is approximately 3.14.
```

（四）format()方法占位符总结

format()方法使用大括号（{}）作为占位符，并通过格式说明符控制输出的格式。如表2-4总结了format()方法中的占位符和格式说明符，并给出了使用示例。

表2-4　format()方法中的占位符和格式说明符

控制符	描述	代码示例	结果
{}	默认格式	"{} {}".format("Hello", "World")	输出: Hello World
{0}	指定位置	"{1} {0}".format("World", "Hello")	输出: Hello World
{name}	命名参数	"{name} is {age} years old".format(name="Alice", age=30)	输出: Alice is 30 years old
{:.nf}	浮点数格式	"Pi is approximately {:.2f}".format(3.14159)	输出: Pi is approximately 3.14
{:d}	整数格式	"The number is {:d}".format(42)	输出: The number is 42
{:>n}	右对齐	"{:>10}".format("Hello")	输出: Hello
{:<n}	左对齐	"{:<10}".format("Hello")	输出: Hello
{:^n}	居中对齐	"{:^10}".format("Hello")	输出: Hello
{:,}	千位分隔符	"{:,}".format(1234567)	输出: 1,234,567
{:.n%}	百分比格式	"{:.2%}".format(0.1234)	输出: 12.34%
{:.ne}	科学计数法	"{:.2e}".format(1234567)	输出: 1.23e+06

二、%格式化

%格式化是Python中一种较早的格式化方式，受C语言的printf风格启发，广泛应用于旧代码中。

（一）基本用法

在字符串中使用%运算符来指定格式，然后跟随要格式化的变量。例如：

```
name = "Bob"
age = 25
greeting = "My name is %s and I am %d years old." % (name, age)
print(greeting)   # 输出: My name is Bob and I am 25 years old.
```

（二）格式化数字

可以通过格式说明符控制输出的格式。例如：

```
pi = 3.14159
formatted_pi = "Pi is approximately %.2f." % pi
print(formatted_pi)   # 输出: Pi is approximately 3.14.
```

（三）多重格式化

可以在同一个字符串中使用多个格式说明符，例如：

```
x = 10
y = 20
result = "The result of %d + %d is %d." % (x, y, x + y)
print(result)   # 输出: The result of 10 + 20 is 30.
```

（四）%格式化控制符总结

%格式化使用%运算符来指定格式，并通过格式说明符控制输出的格式。表2-5总结了%运算符和格式说明符，并给出了使用示例。

表2-5　%运算符和格式说明符

控制符	描述	代码示例	结果
%s	字符串格式	"My name is %s." % "Alice"	输出: My name is Alice.
%d	整数格式	"The number is %d." % 42	输出: The number is 42.
%f	浮点数格式	"Pi is approximately %f." % 3.14159	输出: Pi is approximately 3.141590.
%.2f	浮点数格式	"Pi is approximately %.2f." % 3.14159	输出: Pi is approximately 3.14.
%e	科学记数法	"The number is %e." % 1234567	输出: The number is 1.234567e+06.
%x	十六进制格式	"The number is %x." % 255	输出: The number is ff.
%o	八进制格式	"The number is %o." % 255	输出: The number is 377.
%c	字符格式	"The character is %c." % 65	输出: The character is A.
%r	原始数据格式	"The raw data is %r." % "Hello"	输出: The raw data is 'Hello'.

三、使用 f-strings

f-strings（格式化字符串字面量）是Python 3.6版本以上引入的一种格式化方法，允许在字符串前添加f以便直接嵌入表达式。

（一）基本用法

f-strings在字符串前加f，然后使用大括号（{}）嵌入变量或表达式。例如：

```
name = "Charlie"
age = 28
greeting = f"My name is {name} and I am {age} years old."
print(greeting)  # 输出: My name is Charlie and I am 28 years old.
```

（二）表达式求值

f-strings支持直接在字符串中嵌入任何有效的Python表达式。例如：

```
x = 5
y = 10
result = f"The sum of {x} and {y} is {x + y}."
print(result)  # 输出: The sum of 5 and 10 is 15.
```

（三）格式化数字

也可以使用冒号进行格式化，控制小数位数。例如：

```
pi = 3.14159
formatted_pi = f"Pi is approximately {pi:.2f}."
print(formatted_pi)  # 输出: Pi is approximately 3.14.
```

（四）f-strings格式化控制符总结

f-strings在字符串前加f，然后使用大括号（{}）嵌入变量或表达式，并通过格式说明符控制输出的格式。表2-6总结了f-strings控制符和格式说明符，并给出了使用示例。

表2-6　f-strings控制符和格式说明符

控制符	描述	代码示例	结果
{variable}	变量嵌入	name = "Alice" f"My name is {name}."	输出: My name is Alice.
{expression}	表达式嵌入	x, y = 5, 10 f"The sum of {x} and {y} is {x + y}."	输出: The sum of 5 and 10 is 15.
{variable:.nf}	浮点数格式	pi = 3.14159 f"Pi is approximately {pi:.2f}."	输出: Pi is approximately 3.14.
{variable:d}	整数格式	number = 42 f"The number is {number:d}."	输出: The number is 42.
{variable:>n}	右对齐	f"{name:>10}"	输出:　　　　　Alice
{variable:<n}	左对齐	f"{name:<10}"	输出: Alice

续表2-6

控制符	描述	代码示例	结果
{variable:^n}	居中对齐	f"{name:^10}"	输出:　　　　Alice
{variable:,}	千位分隔符	number = 1234567 f"{number:,}"	输出: 1,234,567
{variable:.n%}	百分比格式	ratio = 0.1234 f"{ratio:.2%}"	输出: 12.34%
{variable:.ne}	科学计数法	number = 1234567 f"{number:.2e}"	输出: 1.23e+06

本章小结

本章介绍了Python语言的基础知识，包括字面量和简单数据类型、变量与赋值、运算符与表达式，以及格式化输出等关键概念。首先，学习了Python中基本的数据类型，如数字、布尔值、字符串等，以及其表示方式和基本操作；接着，学习了如何定义变量以及赋值的各种方式，包括基本赋值、多重赋值和增量赋值。

在运算符部分，介绍了不同类型的运算符，包括算术运算符、比较运算符、逻辑运算符等，同时也介绍了运算符的优先级和表达式的求值过程。最后，介绍了如何通过不同的方法（如format()、%格式化运算符和f-strings）进行字符串的格式化输出，以增强程序的可读性和用户体验。

练习题

1.创建一个变量，赋值为您的名字，并打印出"用户好，您的名字是[名字]"。

2.定义两个变量，分别代表两个整数，计算它们的和，并打印结果。

3.使用浮点数，定义一个变量表示圆的半径，计算并输出圆的面积（面积 = π × 半径^2）。

4.创建一个字符串，包括您的爱好和数量，例如"我有3件运动器材"，并使用格式化输出显示这个信息。

5.利用 eval()函数，动态计算字符串表达式"5 + 7 * 2"，并打印结果。

第三章　程序的流程控制

学习目标

（1）理解程序的执行顺序和方式。
（2）掌握顺序结构的使用。
（3）掌握分支结构的使用。
（4）掌握循环结构的使用。
（5）综合应用流程控制结构。

　　程序的执行顺序和方式是程序设计的核心。流程控制语句使得程序能够根据不同的条件或状态执行不同的操作，从而实现复杂的逻辑。理解这些控制结构的使用，对于编写高效、可维护的代码至关重要。本章将介绍 Python 中控制程序执行流程的各种语句，以及它们在实际开发中的重要性。我们将从顺序结构开始，逐步深入分支结构、循环结构及其综合应用。

第一节　顺序结构

　　程序执行的顺序是指代码从上到下逐行执行的方式，顺序结构是最基本的程序结构。每个程序在执行时，都会遵循这一结构来确保每条语句按顺序执行。

一、什么是顺序结构

（一）定义

　　顺序结构是指程序中一系列操作按特定顺序依次执行的结构。也就是说，程序的每一行代码都会在前一行代码执行完毕后立即执行。顺序结构是所有程序控制结构的基础。

（二）特点

（1）简单明了：顺序结构的逻辑非常直观，适合新手学习和理解。
（2）易于维护：由于代码按顺序执行，调试和维护时容易找到问题。
（3）适用广泛：在实际的程序开发中，程序都包含顺序结构部分，其他控制结构都是在此基础上进行的扩展。

二、顺序程序实例

在此将通过Streamlit库绘制正弦和余弦函数曲线来演示顺序结构程序。

（一）代码示例：使用Streamlit绘制正弦和余弦函数曲线

```python
import numpy as np
import streamlit as st
import matplotlib.pyplot as plt

# 设置标题
st.title("正弦和余弦函数曲线")

# 设置x轴数据
x = np.linspace(-2 * np.pi, 2 * np.pi, 100)

# 计算y轴数据
y_sin = np.sin(x)
y_cos = np.cos(x)

# 绘图
plt.plot(x, y_sin, label='正弦函数')
plt.plot(x, y_cos, label='余弦函数')
plt.title("正弦与余弦函数")
plt.xlabel("x值")
plt.ylabel("函数值")
plt.legend()
plt.grid()

# 显示图形
st.pyplot(plt)
```

（二）代码分析与解释

（1）导入库：代码导入必要的库，包括numPy（用于数值计算）、streamlit（用于创建Web应用）和matplotlib（用于绘图）。

（2）设置标题：使用st.title方法设置应用的标题。

（3）生成数据：通过np.linspace生成从-2π到2π的100个等间距的x值。

（4）计算正弦与余弦：使用np.sin和np.cos分别计算y值。

（5）绘图：使用plt.plot绘制正弦和余弦曲线，并添加标题、标签和图例。

（6）显示图形：通过st.pyplot将图形显示在Web应用中。

这个简单的示例展示了顺序结构的基本应用。每行代码的执行都是在前一行代码完成后进行的，这种结构使得程序逻辑清晰且易于理解。

第二节　分支结构

在程序执行过程中，常常需要根据条件选择不同的执行路径。分支结构提供了一种有效的方式来实现这一目的，使得程序能够根据不同的输入或状态执行不同的操作。

一、if语句及其变体

（一）基本语法

if语句是最基本的条件控制语句，它的基本语法如下：

```
if condition:
    # 如果条件为True,执行这部分代码
```

代码示例：简单的if语句

```
age = 18

if age >= 18:
    print("您是成年人")
```

在这个例子中，只有当age的值大于或等于18时，程序才会输出"您是成年人"。

（二）elif语句

在需要判断多个条件时，可以使用elif语句。其语法结构如下：

```
if condition1:
    # 如果condition1为True
elif condition2:
    # 如果condition2为True
else:
    # 如果上述条件都为False
```

代码示例：if-elif-else结构

```
score = 85

if score >= 90:
    print("等级:A")
elif score >= 80:
    print("等级:B")
elif score >= 70:
    print("等级:C")
else:
    print("等级:D")
```

在这个示例中，根据不同的分数范围输出不同的等级。

（三）三元表达式

Python提供了三元表达式，使得在简单条件判断时可以更简洁地用代码表达。其语法为：

```
value_if_true if condition else value_if_false
```

代码示例：三元表达式的使用

```
num = 10
result = "正数" if num > 0 else "负数或零"
print(result)
```

在这个例子中，result的值会根据num的值决定是"正数"还是"负数或零"。

二、多重分支与字典映射（替代switch-case）

虽然Python没有原生的switch-case语句，但可以使用if-elif-else结构或字典来实现类似的功能。

（一）多重分支的实现

当有多个条件需要判断时，可以使用多重分支结构。

代码示例：多个条件的判断

```
day = "Monday"

if day == "Monday":
    print("今天是星期一")
elif day == "Tuesday":
    print("今天是星期二")
elif day == "Wednesday":
    print("今天是星期三")
else:
    print("今天是其他日子")
```

（二）字典映射替代switch-case

使用字典可以实现更加简洁的多重分支。

代码示例：使用字典模拟switch-case结构

```
def day_of_week(day):
    days = {
        "Monday": "星期一",
        "Tuesday": "星期二",
        "Wednesday": "星期三",
        "Thursday": "星期四",
        "Friday": "星期五",
```

```
        "Saturday": "星期六",
        "Sunday": "星期日"
    }
    return days.get(day, "未知的日期")

print(day_of_week("Monday"))
```

在这个示例中，使用字典days来存储每个星期几所对应的中文名称，使用get方法来避免KeyError。

第三节　循环结构

在编程中，循环结构允许我们重复执行某段代码，直到满足特定条件。循环是实现算法高效性和简洁性的重要手段，合理使用循环可以大大简化代码，使其更易读和易于维护。本节将介绍Python中的while和for循环结构。

一、while 语句

while语句是Python中用于创建循环的一种结构，其基本语法如下：

```
while condition:
    # 当条件为True时,执行的代码块
```

循环会持续执行，直到条件不再满足为止。

（一）基本语法

在while循环中，首先检查条件，如果条件为True，则执行代码块；代码块执行完后，重新检查条件。这种结构适用于不确定循环次数的情况。

代码示例：while循环的基本用法

```
count = 0
while count < 5:
    print("当前计数:", count)
    count += 1  # 增加计数
```

在这个示例中，变量count从0开始，每次循环增加1，直到它的值不再小于5。

（二）while...else 语句

Python允许在while循环中使用else语句。当循环正常结束时（即没有通过break语句退出），else程序块将被执行。

代码示例：while...else结构的用法

```
count = 0
while count < 5:
    print("当前计数:", count)
    count += 1
```

```
else:
    print("循环结束,计数完成。")
```

在这个示例中，当count的值达到5时，程序将执行else程序块，输出"循环结束，计数完成。"

二、for语句

for循环在Python中用于遍历序列（如列表、元组、字符串等），其基本语法如下：

```
for variable in iterable:
    # 遍历iterable中的每个元素
```

（一）基本语法

for循环会依次将iterable中的每个元素赋值给variable，并执行代码块。

代码示例：for循环的基本用法

```
fruits = ["苹果", "香蕉", "橘子"]
for fruit in fruits:
    print("我喜欢吃", fruit)
```

在这个示例中，程序将遍历fruits列表中的每个元素，并输出"我喜欢吃"加上相应的水果名称。

（二）遍历序列

for循环可以用于遍历各种序列，如列表、元组、字符串等。

代码示例：遍历列表、元组、字符串等

```
# 遍历列表
numbers = [1, 2, 3, 4, 5]
for number in numbers:
    print("当前数字:", number)

# 遍历字符串
word = "Python"
for char in word:
    print("当前字符:", char)
```

在这个示例中，for循环分别遍历了一个数字列表和一个字符串，并输出每个元素。

（三）range()函数

range()函数用于生成一个整数序列，通常用于控制for循环的迭代次数。其基本用法如下：

```
range(start, stop, step)
```

start：序列的起始值（默认为0）。

stop：序列的结束值（不包含此值）。

step：序列中每个数的间隔（默认为1）。

代码示例：range()函数的使用

```
for i in range(5):
    print("当前数字:", i)
```

在这个示例中，range(5)生成的序列是0，1，2，3，4，for循环依次输出这些数字。

三、循环类型比较

（一）while 与 for 循环的优劣

while 循环和 for 循环是 Python 中最常用的两种循环结构，它们在使用场景上各有优劣。

（1）while循环：适用于不知道确切迭代次数的情况，条件判断灵活，可以在循环内部修改条件。

（2）for循环：适用于已知序列或可迭代对象的遍历，代码简洁，易于理解。

（二）while 与 for 循环的异同

（1）可读性：for循环通常更易于阅读和理解，特别是在处理集合或序列时。

（2）控制流：while循环提供了更大的灵活性，适合处理动态条件的情况。

（3）性能：在处理大量数据时，for循环通常更高效，因为它在内部实现了迭代器。

四、嵌套循环

在某些情况下，需要在一个循环内部再使用一个循环，这称为嵌套循环。嵌套循环通常用于处理多维数据结构。

代码示例：嵌套循环的使用

```
for i in range(3):    # 外层循环
    for j in range(2):    # 内层循环
        print("i =", i, "j =", j)
```

在这个示例中，外层循环将运行3次，内层循环将运行2次，因此总共会输出6行结果。

五、循环控制语句

循环控制语句用于改变循环的执行流程，主要包括break、continue和return语句。

（一）break 语句

break 语句用于立即终止当前循环。

代码示例：break语句的使用

```
for i in range(10):
    if i == 5:
        break
    print("当前数字:", i)
```

在这个示例中，当i的值达到5时，循环将被终止，因此只会输出0~4的数字。

（二）continue 语句

continue 语句用于跳过当前循环的剩余代码，立即进入下一次循环。

代码示例：continue 语句的使用

```
for i in range(5):
    if i == 2:
        continue
    print("当前数字:", i)
```

在这个示例中，当i的值为2时，程序将跳过输出，继续下一次循环，因此将输出 0, 1, 3, 4。

（三）return 语句（在函数中使用）

return 语句用于从函数中返回值，同时也可以终止函数的执行。

代码示例：return 语句在函数中的用法

```
def sum_numbers(n):
    total = 0
    for i in range(n):
        total += i
        if total >= 10:
            return total  # 一旦总和达到10,立即返回
    return total

result = sum_numbers(5)
print("总和:", result)
```

在这个示例中，函数 sum_numbers 将返回小于或等于10的总和。一旦总和达到10，函数会立即返回，不再继续执行。

六、循环结构综合示例

以下示例将展示如何在循环中实现一些常见的算法，如求阶乘和生成斐波那契数列。

（一）求阶乘

阶乘是一个连续正整数的乘积，表示为$n!$，定义为$n! = n \times (n-1) \times (n-2) \times \cdots \times 1$。

1.代码示例：使用循环求阶乘

```
while True:
    # 输入部分
    user_input = input("请输入一个正整数(输入q退出): ")

    if user_input.lower() == 'q':
        print("程序已退出。")
```

```
        break

try:
    num = int(user_input)
    if num < 0:
        print("请输入一个非负整数。")
        continue
except ValueError:
    print("输入无效，请输入一个整数。")
    continue


# 处理部分
factorial = 1
for i in range(1, num + 1):
    factorial *= i


# 输出部分
print(f"{n}的阶乘是: { factorial}")
```

2.代码解释

（1）输入部分 (Input)

①使用input()函数从键盘获取用户输入的字符串。

②检查用户输入的是否为q。如果是q，则退出循环。

③使用try-except块捕获输入错误，确保输入的是一个有效的整数。

④检查输入的整数是否为非负数，如果是负数，则提示用户重新输入并跳过本次循环。

（2）处理部分 (Process)

①初始化result变量为1。

②使用for循环计算输入整数的阶乘。

（3）输出部分 (Output)

使用print()函数输出计算结果。

（二）计算斐波那契数列

斐波那契数列是一个经典数列，其定义如下：

第1项为0；第2项为1；从第3项开始，每一项都是前两项的和，即 $F(n)=F(n-1)+F(n-2)$。

例如，前10项斐波那契数列是：0, 1, 1, 2, 3, 5, 8, 13, 21, 34。

1.代码示例：使用循环生成斐波那契数列

```
# 输入部分
try:
```

```
    n = int(input("请输入要生成的斐波那契数列的项数: "))
    if n <= 0:
        print("请输入一个正整数。")
        exit()
except ValueError:
    print("输入无效,请输入一个整数。")
    exit()

# 处理部分
a, b = 0, 1
fibonacci = []
for_in range(n):
    fibonacci.append(a)
    a, b = b, a + b

# 输出部分
print(f"斐波那契数列前 {n} 项是: { fibonacci }")
```

2.代码解释

（1）输入部分(Input)

①使用input()函数从键盘获取用户输入的正整数。

②使用try-except块捕获输入错误,确保输入的是一个有效的整数。

③检查输入的整数是否为正数,如果是非正数,则提示用户重新输入并退出程序。

（2）处理部分(Process)

①初始化a和b两个变量,分别表示斐波那契序列的前两项。

②使用for循环生成前n项斐波那契数列,并将每一项添加到fibonacci列表中。

（3）输出部分(Output)

使用print()函数输出生成的斐波那契序列。

第四节　流程控制的综合应用

掌握流程控制结构是高效编写程序的关键。本节将通过综合案例,展示如何将顺序结构、分支结构和循环结构结合应用于实际问题。这些案例不仅能帮助读者巩固所学知识,还能激发其创造性思维,为后续学习打下良好的基础。

一、猜数字游戏

猜数字游戏是一款经典的互动游戏,玩家需要在限定的次数内猜出计算机随机生成的数字。下面将展示如何使用循环语句和条件语句来实现游戏逻辑。

（一）游戏设计思路

（1）计算机随机生成一个1～100的数字。

（2）玩家输入猜测的数字。

（3）程序根据玩家的输入反馈是"太高""太低"还是"猜对了"。

（4）玩家最多有10次机会来猜这个数字。

（二）代码示例：实现猜数字游戏

```python
import random

def guess_number():
    number_to_guess = random.randint(1, 100)   # 随机生成数字
    attempts = 10   # 最大尝试次数

    print("欢迎来到猜数字游戏！")
    print("我已选择一个1到100之间的数字。用户有10次机会来猜测。")

    for attempt in range(attempts):
        guess = int(input(f"第{attempt + 1}次猜测:"))

        if guess < number_to_guess:
            print("太低了！")
        elif guess > number_to_guess:
            print("太高了！")
        else:
            print("恭喜用户,猜对了！")
            break
    else:
        print(f"很遗憾,用户没有猜到,正确的数字是{number_to_guess}。")

# 启动游戏
guess_number()
```

在这个示例中，使用了random模块生成随机数，并使用for循环语句控制玩家的猜测次数。使用if语句来判断玩家的猜测，然后给出反馈。

二、排序算法

排序是计算机科学中的基础问题之一，本节将介绍两种简单的排序算法：选择排序和冒泡排序。下面将展示如何使用循环语句和条件语句来处理数组或列表。

（一）选择排序

选择排序是一种简单的排序算法，其基本思路是：每一轮从未排序的序列中选出最

小的元素，放到已排序序列的末尾。

1.算法原理

（1）从未排序的序列中找到最小元素。

（2）将其与未排序序列的第一个元素交换。

（3）重复以上过程，直到所有元素都排序完毕。

2.代码示例：实现选择排序

```python
def selection_sort(arr):
    n = len(arr)
    for i in range(n):
        min_index = i
        for j in range(i + 1, n):
            if arr[j] < arr[min_index]:
                min_index = j
        arr[i], arr[min_index] = arr[min_index], arr[i]    # 交换
    return arr


# 测试选择排序
unsorted_list = [64, 25, 12, 22, 11]
print("选择排序前:", unsorted_list)
sorted_list = selection_sort(unsorted_list)
print("选择排序后:", sorted_list)
```

在这个示例中，selection_sort 函数实现了选择排序，通过嵌套循环查找最小元素，并进行交换。

（二）冒泡排序

冒泡排序也是一种简单的排序算法，其基本思路是：重复遍历待排序的数列，比较相邻元素并交换顺序不正确的元素，直到没有需要交换的元素为止。

1.算法原理

（1）从头到尾遍历列表，比较相邻的元素。

（2）如果前一个元素大于后一个元素，则交换这两个元素。

（3）继续遍历，直到没有元素需要交换。

2.代码示例：实现冒泡排序

```python
def bubble_sort(arr):
    n = len(arr)
    for i in range(n):
        for j in range(0, n - i - 1):    # 每次遍历会把最大的元素放到末尾
            if arr[j] > arr[j + 1]:
                arr[j], arr[j + 1] = arr[j + 1], arr[j]    # 交换
    return arr
```

```
# 测试冒泡排序
unsorted_list = [64, 25, 12, 22, 11]
print("冒泡排序前:", unsorted_list)
sorted_list = bubble_sort(unsorted_list)
print("冒泡排序后:", sorted_list)
```

在这个示例中，bubble_sort 函数实现了冒泡排序，通过嵌套循环逐步将元素排序。

三、综合应用实例

下面将通过一个小型计算器示例，展示如何结合使用各种流程控制结构，处理用户输入并执行相应的计算操作。

（一）示例项目：实现一个简易计算器，反复进行四则运算

计算器将支持基本的四则运算（加、减、乘、除）以及退出功能。

（二）设计思路

（1）提供一个菜单，让用户选择操作。
（2）根据用户的选择执行相应的计算。
（3）循环执行，直到用户选择退出。

（三）代码示例：实现计算器功能

```python
def calculator():
    print("欢迎使用简易计算器! ")
    print("请选择操作:")
    print("1. 加法")
    print("2. 减法")
    print("3. 乘法")
    print("4. 除法")
    print("5. 退出")

    while True:
        choice = input("请输入用户的选择 (1/2/3/4/5):")

        if choice in ['1', '2', '3', '4']:
            num1 = float(input("请输入第一个数字:"))
            num2 = float(input("请输入第二个数字:"))

            if choice == '1':
                print(f"结果: {num1} + {num2} = {num1 + num2}")
            elif choice == '2':
```

```
            print(f"结果: {num1} - {num2} = {num1 - num2}")
        elif choice == '3':
            print(f"结果: {num1} * {num2} = {num1 * num2}")
        elif choice == '4':
            if num2 != 0:
                print(f"结果: {num1} / {num2} = {num1 / num2}")
            else:
                print("错误:除数不能为0! ")
        elif choice == '5':
            print("感谢使用! 再见! ")
            break
        else:
            print("无效的输入,请选择 1-5 之间的数字。")

# 启动计算器
calculator()
```

在这个示例中，用户可以通过输入选择相应的运算，程序会根据用户的输入执行加法、减法、乘法或除法。通过while循环，程序持续运行，直到用户选择退出。

本章小结

本章介绍了Python程序的流程控制，通过引入顺序结构、分支结构和循环结构的基本概念，帮助读者理解程序执行的逻辑和结构。首先，介绍了顺序结构，它是程序的基础，所有的代码按顺序执行；接着，介绍了分支结构，以及使用if、elif和else语句来根据条件选择不同的执行路径。此外，还探讨了循环结构，包括while循环和for循环，以及它们的嵌套使用和控制语句（如break和continue）的运用。

通过综合案例，如猜数字游戏、排序算法和小型计算器，展示了如何将这些流程控制结构结合起来解决实际问题。

练习题

1.编写一个程序，打印从1到100的所有奇数。

2.实现一个简单的登录系统功能，用户最多有3次输入机会，正确输入后显示"欢迎"，否则显示"账号或密码错误"。

3.编写一个程序，输入一个正整数，输出该数的阶乘。

4.实现一个用户输入的数字序列的冒泡排序功能。

第四章　函数与模块

学习目标

(1) 理解函数的基本概念。

(2) 掌握函数的返回值。

(3) 理解局部变量与全局变量。

(4) 掌握函数的递归调用。

(5) 理解模块的概念。

(6) 掌握模块的创建与组织。

(7) 理解包的概念。

(8) 掌握常用的内置模块。

(9) 理解函数式编程的基本概念。

第一节　函数的定义与调用

本节将详细探讨函数的定义、调用、参数传递、作用域、递归，以及模块的设计与使用。

一、函数的定义

函数，这一编程中的"魔法盒"，封装了执行特定任务的代码块。它们能够接受输入参数，并可能返回输出结果。通过精心定义函数，开发者能够轻松地将复杂的操作抽象化，从而提高代码的重用性和可读性。函数的基本定义形式简明扼要，却具有强大的功能：

```
def function_name(parameters):
    """这里撰写函数的文档字符串,用以阐述函数的功能、参数及返回值"""
    # 函数体,即执行特定任务的代码段
    return result  # 根据需要返回函数执行的结果
```

在定义函数时，开发者要为函数选择一个既简洁又富有描述性的名称，这有助于其他开发者快速理解函数的功能。同时，合理的参数设计和返回值设定也是函数定义中不可或缺的一环。

二、文档字符串

文档字符串是用于描述函数功能的重要说明，能够显著提升代码的可读性和可维护性。

（一）文档字符串的书写规范

使用三引号（"""或'''）包裹文档字符串，首行简洁地概述函数的功能，后续可详细描述其参数、返回值等。例如：

```
def add(a, b):
    """返回两个数的和。

    参数：
    a -- 第一个加数
    b -- 第二个加数

    返回值：
    两个参数的和
    """
    return a + b
```

（二）查看文档字符串的方法

使用help()函数或访问__doc__属性，可以方便地查看函数的文档字符串。例如：

```
help(add)
print(add.__doc__)
```

（三）文档字符串对代码可读性和可维护性的重要性

清晰的文档字符串可以帮助其他开发者快速理解函数的作用和使用方式，从而降低代码维护的复杂性，这一点在团队合作时尤为重要。

三、函数调用

理解函数的调用规则是编写有效代码的基础。

（一）函数的基本调用方式

调用函数时，需要提供与定义中参数相匹配的实参。例如：

```
result = add(3, 5)   # 调用add函数
```

（二）复杂调用场景示例

复杂调用场景可以提升代码的灵活性和功能性。

1.函数嵌套调用

在一个函数内部调用另一个函数。例如：

```python
def multiply(a, b):
    return a * b

def calculate(a, b):
    return add(a, multiply(a, b))
```

2.函数作为参数传递给其他函数

函数可以作为参数传递并在其他函数中调用，这增加了代码的灵活性。例如：

```python
def apply_function(func, x, y):
    return func(x, y)

result = apply_function(add, 10, 20)
```

四、函数的返回值

函数的返回值是函数完成任务后反馈结果的方式。函数可以返回不同类型的数据，如整数、字符串、列表等。

（一）基本数据类型

返回整数时，可以直接返回值。例如：

```python
def square(x):
    return x * x
```

（二）复杂数据类型

返回一个列表或字典时，需注意其结构。例如：

```python
def create_student(name, age):
    return {'name': name, 'age': age}
```

五、匿名函数

匿名函数（或称为lambda函数）是Python中一种轻量级的函数定义方式，适用于简单的任务。

（一）匿名函数的语法

使用lambda关键字定义匿名函数，语法如下：

```python
lambda 参数1, 参数2 , …, 参数n: 表达式
```

例如：

```python
add = lambda x, y: x + y
```

（二）匿名函数与普通函数的对比

（1）语法方面：匿名函数通常更简洁，适合一行表达式。

（2）用途方面：匿名函数适合简单、一次性使用的场景，如在 map、filter 等函

数中。

（三）使用场景

在函数式编程中，匿名函数常常作为参数传递，灵活性较高。例如：

```
numbers = [1, 2, 3, 4]
squared = list(map(lambda x: x ** 2, numbers))
```

六、变量作用域

变量作用域是指变量的可访问范围，理解作用域对于避免潜在错误至关重要。

（一）全局变量和局部变量的定义与区别

（1）全局变量：在函数外部定义，可以在任何地方访问。
（2）局部变量：在函数内部定义，仅在该函数内可用。

（二）避免变量作用域混乱的方法

使用global关键字显式声明全局变量，避免意外修改全局变量。例如：

```
count = 0

def increment():
    global count
    count += 1
```

（三）利用不同作用域的特性进行编程

有效利用局部变量与全局变量的特性，如局部变量的临时性和全局变量的共享性，以编写清晰且高效的代码。

七、函数设计的基本原则

设计函数时，遵循一些原则可以提升代码质量和可维护性。

（一）单一职责原则

每个函数应仅负责一个特定任务，避免复杂化。例如：

```
def fetch_data():
    # 仅负责数据获取
    pass

def process_data(data):
    # 仅负责数据处理
    pass
```

（二）代码可读性与可维护性

函数的命名应清晰易懂，参数的设计应便于使用，从而确保代码逻辑简洁明了。

第二节　函数的参数传递

在 Python 中，函数的参数传递机制是编程的核心要素之一。正确理解和使用参数传递，不仅可以提高代码的可读性和灵活性，还能避免许多常见错误。本节将探讨位置参数、默认参数、关键字参数和不定长参数的定义、用法及注意事项，并通过实例加以说明。

一、位置参数

（一）位置参数的定义与基本用法

位置参数是最基本的参数传递方式。在调用函数时，参数的传递顺序必须与函数定义中的顺序一致。例如：

```
def add(a, b):
    return a + b

result = add(3, 5)   # 3 被赋值给 a, 5 被赋值给 b
```

在上述示例中，add 函数定义了 a 和 b 两个参数。当我们调用该函数时，传递的参数值 3 和 5 分别对应位置参数 a 和 b。

（二）实际应用场景示例

位置参数通常用于简单的数学计算或基本的数据处理函数。例如，计算多个数值的平均值：

```
def average(*args):
    return sum(args) / len(args)

avg_result = average(10, 20, 30)   # 结果是20.0
```

在这个示例中，average 函数使用了不定长参数，但其核心逻辑依然依赖于位置参数的传递。

（三）位置参数在定义和调用时的注意事项

使用位置参数，需要确保传递的参数数量与函数定义时的数量一致。例如：

```
def multiply(a, b):
    return a * b

# 调用示例
product = multiply(4)   # 将引发 TypeError
```

在这个示例中，缺少一个参数 b 会导致错误，因此调用时必须确保所有位置参数都被正确传递。

二、默认参数

（一）默认参数的定义与语法

默认参数允许在函数定义时为参数设置默认值，如果调用时未传入该参数，则使用默认值。例如：

```python
def greet(name="Guest"):
    return f"Hello, {name}!"


print(greet())   # 输出：Hello, Guest!
print(greet("Alice"))   # 输出：Hello, Alice!
```

在这个示例中，name参数有一个默认值"Guest"，调用时如果不传入具体值，就会使用这个默认值。

（二）实际应用场景示例

默认参数非常适合用于有常见值的场景，比如数据库连接函数的默认端口号。例如：

```python
def connect_db(host, port=5432):
    print(f"Connecting to database at {host}:{port}")


connect_db("localhost")   # 使用默认端口
connect_db("localhost", 3306)   # 指定不同端口
```

在这里，port参数的默认值设置为5432，可使连接更为便捷。

（三）默认参数的默认值设定的限制

在使用可变对象作为默认参数时，可能会导致意想不到的结果。例如：

```python
def append_to_list(value, lst=[]):
    lst.append(value)
    return lst


print(append_to_list(1))   # 输出：[1]
print(append_to_list(2))   # 输出：[1, 2]，而不是 [2]
```

上面的示例显示，当默认值是可变对象（如列表）时，后续调用会影响到默认值的状态。这种情况可以使用None作为默认值来避免：

```python
def append_to_list(value, lst=None):
    if lst is None:
        lst = []
    lst.append(value)
    return lst
```

（四）定义和调用时的注意事项

默认参数必须放在位置参数的后面，以确保调用时的正确性。例如：

```python
def example_function(a, b=2):   # 正确
    return a + b


def wrong_example(b=2, a):   # 会引发语法错误
    return a + b
```

三、关键字参数

（一）关键字参数的定义与语法

关键字参数允许在函数调用时通过参数名来传递参数值。这种方式使得参数传递更加灵活，特别是在参数较多时。例如：

```python
def describe_pet(name, animal_type="dog"):
    print(f"{name} is a {animal_type}.")


describe_pet(name="Buddy")   # 输出：Buddy is a dog.
describe_pet(animal_type="cat", name="Whiskers")   # 输出：Whiskers is a cat.
```

在此示例中，运用关键字参数，调用者可以不考虑参数的顺序。

（二）实际应用场景示例

关键字参数在函数参数较多且部分参数有默认值的场景中尤为有用，例如绘图函数：

```python
def draw_rectangle(x, y, width=100, height=50):
    print(f"Drawing rectangle at ({x}, {y}) with width {width} and height {height}.")


draw_rectangle(10, 20)   # 使用默认值
draw_rectangle(10, 20, height=40)   # 指定高度,使用默认宽度
```

（三）关键字参数在调用时的顺序要求

关键字参数可以与位置参数混合使用，但关键字参数必须放在位置参数之后。例如：

```python
def configure_server(ip, port, timeout=300):
    print(f"Configuring server at {ip}:{port} with timeout {timeout}.")


configure_server("192.168.1.1", 8080)   # 正确
configure_server(port=8080, "192.168.1.1")   # 会引发语法错误
```

（四）定义和调用时的注意事项

使用关键字参数时，要确保参数名的准确性。例如：

```python
def book_flight(destination, airline="Delta"):
    print(f"Booking flight to {destination} with {airline}.")
```

```
book_flight("New York", airline="United")    # 正确
book_flight("Los Angeles", airlin="Southwest")   # 会引发 TypeError
```

四、不定长参数

（一）不定长参数的定义与类型

不定长参数允许函数接收可变数量的参数。在 Python 中，可以使用 *args 和 **kwargs 来实现：

（1）*args 用于接收任意数量的位置参数，返回一个元组。

（2）**kwargs 用于接收任意数量的关键字参数，返回一个字典。

```
def sample_function(*args, **kwargs):
    print("Args:", args)
    print("Kwargs:", kwargs)


sample_function(1, 2, 3, name="Alice", age=25)
```

在这个示例中，args 会是元组(1, 2, 3)，而 kwargs 会是字典{'name': 'Alice', 'age': 25}。

（二）实际应用场景示例

不定长参数非常适合处理可变数量输入参数的情况，比如求和函数：

```
def sum_numbers(*args):
    return sum(args)


print(sum_numbers(1, 2, 3))    # 输出：6
print(sum_numbers(10, 20, 30, 40))   # 输出：100
```

在这个示例中，sum_numbers 函数能够接受任意数量的数值，并返回它们的和。

（三）定义和调用时的注意事项

在使用不定长参数时，需要注意与其他参数类型的混合使用规则。例如：

```
def my_function(a, b, *args, **kwargs):
    print(a, b)
    print(args)
    print(kwargs)


my_function(1, 2, 3, 4, name="Bob", age=30)
```

在这个示例中，a 和 b 是固定参数，*args 用于捕获其他位置参数，而 **kwargs 用于捕获关键字参数。

第三节 函数的高级特征

在Python编程中，函数是执行特定任务的工具，许多高级特性使得函数的使用更加灵活、功能更加强大。本节将介绍递归、闭包和装饰器这三大高级特性，分析它们的概念、实现方式和实际应用。通过对这些特性的理解与掌握，程序员能够编写出更加简洁、优雅和高效的代码。

一、递归

（一）递归的基本概念

递归是指函数在其内部直接或间接地调用自身。这种编程技巧非常适合处理具有重复结构的问题，如树形结构的遍历、组合、分治算法等。

例如，计算阶乘的函数可以用递归实现：

```python
def factorial(n):
    if n == 1:  # 基本情况
        return 1
    else:
        return n * factorial(n - 1)   # 递归调用
```

在上面的代码中，factorial函数调用自身来计算$n!$，直到达到基本情况n == 1。

（二）递归的执行过程

在递归调用时，函数会将每次调用的状态压入栈中。当到达基本情况后，栈中的函数逐层返回，直至所有调用完成。这个过程可以用以下步骤来解释：

（1）每次调用factorial(n)时，都会检查n是否为1。

（2）如果不是，它会调用factorial(n - 1)，并将当前的计算状态保存。

（3）这个过程持续进行，直到调用factorial(1)，此时返回1。

（4）返回值会通过栈逐层传递，最终计算出n!的值。

为了更深入地理解，可以使用调试工具观察栈的变化和函数的返回过程。

（三）递归深度限制

Python对递归调用的深度有限制，默认最大深度为1000层。这一限制可以通过sys模块调整，但不建议修改，以免造成栈溢出错误。例如：

```python
import sys
print(sys.getrecursionlimit())   # 查看当前递归深度限制
sys.setrecursionlimit(2000)   # 设置新的递归深度限制
```

调整递归深度时需小心，过深的递归调用可能导致栈溢出，从而引发程序崩溃。

（四）递归算法的优化方法

虽然递归功能非常强大，但它也可能导致性能不佳的问题，如重复计算。为此，可

以采用以下优化策略:

1.尾递归优化

将递归调用放在函数末尾,允许 Python 优化调用栈。虽然 Python 不支持尾递归优化,但使用循环可以达到同样的效果。例如:

```python
def factorial_tail_recursive(n, accumulator=1):
    if n == 1:
        return accumulator
    else:
        return factorial_tail_recursive(n - 1, n * accumulator)
```

2.记忆化

通过缓存计算结果来避免重复计算,从而提高性能。例如,可以使用字典保存已计算的值:

```python
cache = {}

def fibonacci(n):
    if n in cache:
        return cache[n]
    if n <= 1:
        return n
    cache[n] = fibonacci(n - 1) + fibonacci(n - 2)
    return cache[n]
```

二、闭包

(一)闭包的原理

闭包是指一个函数及其相关的环境变量的组合。它允许内部函数引用外部函数的变量,即使外部函数已经执行完毕。这种特性可以用于数据隐藏和函数柯里化等场景。例如:

```python
def outer_function(x):
    def inner_function(y):
        return x + y
    return inner_function
```

在上面的示例中,inner_function能够访问outer_function的参数x,即便是在outer_function返回后。

(二)闭包中变量的生命周期

闭包的变量生命周期与其外部函数的调用周期有关。外部函数执行完毕,内存中的变量不会被释放,直到闭包不再被引用。这样可以实现状态的持久化。例如:

```python
counter = outer_function(10)
print(counter(5))  # 输出:15
```

```
print(counter(20))  # 输出:30
```

在这个示例中，每次调用counter都会使用相同的x值，而y的值则在每次调用时变化。

（三）闭包在实际编程中的典型应用场景

1.数据隐藏

闭包可以保护内部状态不被外部直接访问。例如：

```
def counter():
    count = 0
    def increment():
        nonlocal count
        count += 1
        return count
    return increment
```

在此示例中，count是内部状态，外部无法直接访问。

2.函数柯里化

闭包可以将多个参数的函数转换为一系列单参数的函数。例如：

```
def curried_add(x):
    def add(y):
        return x + y
    return add
```

调用方式：

```
add_5 = curried_add(5)
print(add_5(10))  # 输出:15
```

三、装饰器

（一）装饰器的基本概念

装饰器是一种用于修改其他函数功能的函数。通过装饰器，可以在函数调用前后添加额外的功能，而无须修改函数本身的代码。例如：

```
def my_decorator(func):
    def wrapper():
        print("Something is happening before the function is called.")
        func()
        print("Something is happening after the function is called.")
    return wrapper
```

在这个示例中，my_decorator装饰器在函数调用前后打印信息。

（二）装饰器的语法

使用@符号可以将装饰器应用于函数，这是一种简化的语法。装饰器的底层实现依然是对函数的调用。例如：

```
@my_decorator
def say_hello():
    print("Hello!")


say_hello()
```

输出结果：

```
Something is happening before the function is called.
Hello!
Something is happening after the function is called.
```

（三）编写自定义装饰器

从简单的功能装饰器开始，可以逐步编写更复杂的多用途装饰器。例如，创建一个计时器装饰器：

```
import time


def timer_decorator(func):
    def wrapper(*args, **kwargs):
        start_time = time.time()
        result = func(*args, **kwargs)
        end_time = time.time()
        print(f"Function '{func.__name__}' took {end_time - start_time:.4f} seconds.")
        return result
    return wrapper


@timer_decorator
def long_running_function():
    time.sleep(2)
    print("Finished!")


long_running_function()
```

在这个示例中，timer_decorator 记录了函数的执行时间，并在完成后打印。

（四）装饰器的嵌套

多个装饰器可以应用于一个函数，装饰器的应用顺序是从内到外，即最内层的装饰器先执行，然后是外层装饰器。例如：

```
@my_decorator
@timer_decorator
def another_function():
    print("Running another function...")
```

```
another_function()
```

在这个示例中，首先执行timer_decorator的wrapper，然后执行my_decorator的wrapper。

（五）装饰器在代码复用和功能扩展方面的优势

使用装饰器可以极大地提高代码的复用性和扩展性。通过装饰器，可以轻松地为多个函数添加相同的功能，而不需要重复编写代码。例如，使用装饰器来进行日志记录或权限验证：

```python
def log_decorator(func):
    def wrapper(*args, **kwargs):
        print(f"Calling function '{func.__name__}' with arguments: {args}, {kwargs}")
        return func(*args, **kwargs)
    return wrapper


@log_decorator
def my_function(param):
    print(f"My function received: {param}")


my_function("Hello!")  # 输出函数调用的信息
```

第四节 模块化程序设计

在现代软件开发中，模块化程序设计扮演着至关重要的角色，尤其是在大型项目中。模块化不仅提高了代码的可维护性和可读性，还能促进团队协作和功能模块的独立开发与测试。通过将代码拆分为多个模块，开发者可以更清晰地管理模块的复杂性，减少代码之间的耦合，从而提升程序开发效率和产品质量。本节将介绍模块及其引用、包的概念、创建及其使用等内容。

一、模块及其引用

（一）模块的命名空间

1. 模块命名空间的概念

在Python中，模块是一个包含Python定义和语句的文件，其命名空间是指该模块内所有变量、函数、类等对象的名称管理机制。每个模块都有一个独立的命名空间，这意味着在一个模块中定义的变量和函数不会影响其他模块。例如：

```python
# module_a.py
x = 10


def func_a():
```

```
    return x + 5
# module_b.py
x = 20

def func_b():
    return x + 5
```

在 module_a.py 和 module_b.py 中都有一个名为 x 的变量，但它们在各自的命名空间中是独立的。模块的命名空间确保了不同模块之间的变量不会相互干扰。

2. 命名空间冲突的产生原因

尽管模块有各自的命名空间，但在大型项目中，使用相同的名称可能会导致命名空间冲突。例如，当从两个不同模块中导入同名的函数或变量时，后导入的函数或变量可能会覆盖先导入的，从而引发错误。例如：

```
from module_a import func_a
from module_b import func_b

result_a = func_a()  # 正常调用
result_b = func_b()  # 正常调用
```

如果在代码中不区分模块或函数名称，可能会导致调用错误的函数。

3. 避免命名空间冲突的方法

为了避免命名空间冲突，可以采取以下策略：

（1）使用别名：可以在导入时使用 as 关键字给模块或函数起别名。例如：

```
from module_a import func_a as a_func
from module_b import func_b as b_func

result_a = a_func()
result_b = b_func()
```

（2）合理的模块命名：模块名应具有描述性，避免使用常见名称，以降低命名空间冲突的风险。

（二）模块的导入方式

1. 不同的模块导入方式

Python 支持多种模块导入方式，主要包括：

（1）import 语句：导入整个模块，使用时需加模块名前缀。例如：

```
import module_a
result = module_a.func_a()
```

（2）from...import 语句：导入特定的变量或函数，使用时无须加模块名前缀。例如：

```
from module_a import func_a
result = func_a()
```

（3）import...as 语句：导入模块并给予别名。

```
import module_a as ma
result = ma.func_a()
```

2. 不同导入方式对程序性能和内存占用的影响

导入整个模块和导入特定函数在性能和内存占用上有所不同：

（1）导入整个模块：如果模块较大且只用到其中的一小部分，可能会导致不必要的内存占用。例如：

```
import numpy    # 导入整个 numpy 模块
result = numpy.array([1, 2, 3])
```

（2）导入特定函数：这种方式更高效，因为这只会加载需要的部分。例如：

```
from numpy import array    # 只导入 array 函数
result = array([1, 2, 3])
```

导入特定函数时，程序启动更快，内存占用更少。

3. 模块导入时的注意事项

（1）模块路径搜索顺序：Python 会按照一定的顺序搜索模块，包括内置模块、当前目录、PYTHONPATH 指定的目录等。了解搜索顺序有助于定位模块。

（2）循环导入问题：当模块 A 导入模块 B，而模块 B 又导入模块 A 时，会导致循环导入问题。为避免此类问题，可以重构代码，或在函数内部进行导入，而不是在模块顶部导入。例如：

```
# module_a.py
def func_a():
    from module_b import func_b    # 在函数内部导入
    return func_b() + 1
```

二、包

（一）包的概念

包是一个包含多个模块的容器，是一种组织模块的方式。包可以帮助开发者将相关模块分组，从而提升代码的可维护性和可读性。例如：

```
my_package/
    __init__.py
    module_a.py
    module_b.py
```

在这个结构中，my_package 是一个包，包含了 module_a 和 module_b 两个模块。

（二）包的结构

包的结构可以是简单的，也可以是复杂的。通常，包内的模块会按照功能或逻辑相关性进行组织。包内可以包含子包，从而形成多层次的模块结构。例如：

```
my_package/
    __init__.py
```

```
subpackage_a/
    __init__.py
    module_a1.py
    module_a2.py
subpackage_b/
    __init__.py
    module_b1.py
```

在这个示例中，my_package 包含 subpackage_a 和 subpackage_b 两个子包。

（三）包内模块的组织方式

为了提升代码的可读性和可维护性，包内的模块应按照功能或类型进行组织。例如，将处理不同功能的模块放入不同的子包中，从而便于团队成员查找和使用：

```
my_package/
    data_processing/
        __init__.py
        data_cleaning.py
        data_analysis.py
    visualization/
        __init__.py
        plotting.py
        dashboard.py
```

在这个结构中，data_processing 和 visualization 分别处理数据和可视化相关的功能模块。

（四）创建和使用自定义包

（1）创建目录结构：在项目中创建一个新目录，并在该目录下放置模块文件。

（2）添加__init__.py 文件：在包目录下添加__init__.py 文件（可以是空文件，也可以是包含包的初始化代码），表示该目录是一个包。

（3）在项目中导入和使用包。例如：

```
from my_package.data_processing.data_cleaning import clean_data
```

这种导入方式明确地指定了要使用的模块，也提升了代码的可读性。

（五）__init__.py 文件的作用

（1）标识包：在 Python 3.3 之前的版本，__init__.py 是必须存在的，目的是告诉 Python 该目录是一个包。

（2）包的初始化：可以在该文件中编写初始化代码，设置包的初始状态。

（3）控制导入行为：可以在__init__.py 中定义__all__列表，从而控制从包中导入哪些模块或函数。例如：

```
# __init__.py
__all__ = ["data_cleaning", "data_analysis"]
```

在这种情况下，使用 from my_package import *，只会导入 data_cleaning 和 data_analysis 模块。

第五节 内置函数进阶

Python 内置函数为程序员提供了一系列强大的工具，它们能够简化日常编程任务，提高代码的可读性和效率。掌握内置函数的高级用法，将有助于解决复杂问题并提升编程能力。本节将介绍内置函数的进阶用法及实际应用。

一、内置函数进阶学习的重点

（1）高级参数使用：许多内置函数允许传递额外的参数，这些参数可以影响函数的行为。例如，sorted() 函数的 key 参数可以自定义排序逻辑，map() 和 filter() 函数可以结合自定义函数进行复杂的数据处理。

（2）特殊的返回值处理：一些内置函数返回特定类型的数据，掌握这些返回值的特点可以帮助我们更好地进行后续操作。例如，zip() 函数返回的是一个迭代器。

二、按照功能分类介绍内置函数

（一）数值处理类内置函数的进阶用法

Python 内置的数学函数通过 math 模块提供了一些高级功能。常见的数值处理函数包括 math.sqrt()、math.factorial() 和 math.sin() 等。通过这些函数，可以实现更复杂的数学运算。

1. 代码示例：计算圆的面积

```python
import math

def circle_area(radius):
    return math.pi * (radius ** 2)

print(circle_area(5))   # 输出: 78.53981633974483
```

2. 进阶应用

利用 math 模块实现数值的快速计算和处理，如快速傅里叶变换、组合数学等。例如：

```python
def combinations(n, k):
    return math.factorial(n) / (math.factorial(k) * math.factorial(n - k))

print(combinations(5, 2))   # 输出: 10.0
```

（二）数据结构操作类内置函数的进阶用法

Python 提供了一系列强大的内置函数，可以对列表、字典等数据结构进行复杂操作。以下是几个常用函数及其进阶用法。

1. sorted()函数

可以对任何可迭代对象进行排序，key参数允许用户定义排序逻辑。例如：

```python
data = [("apple", 2), ("banana", 3), ("orange", 1)]
sorted_data = sorted(data, key=lambda x: x[1])  # 按照数量排序
print(sorted_data)  # 输出: [('orange', 1), ('apple', 2), ('banana', 3)]
```

2. map()函数

map()函数用于将指定函数应用于可迭代对象的每个元素，返回一个迭代器。

代码示例：对列表中的数字进行平方操作

```python
numbers = [1, 2, 3, 4]
squared = list(map(lambda x: x ** 2, numbers))
print(squared)  # 输出: [1, 4, 9, 16]
```

3. filter()函数

filter()函数用于过滤可迭代对象中的元素，返回一个迭代器。

代码示例：过滤出列表中的偶数

```python
numbers = [1, 2, 3, 4, 5, 6]
evens = list(filter(lambda x: x % 2 == 0, numbers))
print(evens)  # 输出: [2, 4, 6]
```

4. enumerate()函数

enumerate()函数用于遍历可迭代对象时，提供索引和对应的元素，适合需要索引的场景。例如：

```python
fruits = ["apple", "banana", "cherry"]
for index, fruit in enumerate(fruits):
    print(f"{index}: {fruit}")
# 输出:
# 0: apple
# 1: banana
# 2: cherry
```

5. zip()函数

zip()函数可将多个可迭代对象打包成一个元组，常用于并行迭代。例如：

```python
names = ["Alice", "Bob", "Charlie"]
scores = [85, 90, 88]
combined = list(zip(names, scores))
print(combined)  # 输出: [('Alice', 85), ('Bob', 90), ('Charlie', 88)]
```

（三）类型转换类内置函数的进阶用法

Python提供了一些强大的类型转换函数，如int()、float()、str()等。在复杂数据类型转换时，特别需要注意类型的一致性和可转换性。

代码示例：复杂数据类型转换

```
# 将字符串转换为浮点数并处理异常
def safe_float_conversion(value):
    try:
        return float(value)
    except ValueError:
        return None


print(safe_float_conversion("12.34"))    # 输出: 12.34
print(safe_float_conversion("invalid"))    # 输出: None
```

本章小结

本章讲解了 Python 函数与包的核心概念，包括函数定义与调用、文档字符串、参数传递、返回值处理、匿名函数（lambda）、变量作用域及设计原则等。同时，介绍了map、filter、sorted 等内置函数的进阶用法，可帮助读者掌握编写清晰、可维护、高效代码的技能。

练习题

1.编写一个函数，使用 map() 和 filter() 组合，对一个包含整数的列表进行操作，输出其中的平方数，并过滤掉小于 10 的结果。

2.创建一个自定义类，并利用 sorted() 对其对象列表进行排序，要求根据某个属性进行排序。

3.编写一个函数，使其接受一个字符串列表，返回其长度的字典，使用 enumerate() 生成索引。

第五章 复合数据类型

学习目标

（1）理解复合数据类型的基本概念。

（2）掌握序列类型（列表和元组）的创建方法与常用操作。

（3）深入理解映射类型字典的操作与使用。

（4）掌握集合类型的操作与使用。

（5）了解复合数据类型的对比与选择。

在 Python 编程中，复合数据类型是处理和存储多种数据的基本工具。与基本数据类型（如整数、浮点数、布尔值和字符串）相比，复合数据类型能够容纳多个值，并且这些值可以是不同类型的。

复合数据类型不仅降低了数据管理的复杂性，还提供了更高效的方式来组织、存储和处理数据。Python 中的复合数据类型包括序列类型（如元组、列表等）、映射类型（如字典）和集合类型。这些数据类型各有特性和适用场景，为开发者提供了丰富的选择。

第一节 概 述

在深入研究 Python 中的复合数据类型之前，有必要了解这些类型的基本定义和分类。复合数据类型是 Python 数据结构的基础，学习它们的特性将为后续更复杂的数据处理打下坚实的基础。

一、复合数据类型的定义和分类

（一）定义

复合数据类型是指能够存储多个值的数据结构，它们由多种基本数据类型构成，在需要管理和操作大量数据时非常有用。复合数据类型使得数据处理变得更加高效和直观。

在 Python 中，复合数据类型不仅可以存储不同的数据类型，还可以嵌套其他复合数据类型。例如，一个列表可以包含其他列表，一个字典可以包含其他列表或字典，从而构成更复杂的数据结构。

（二）分类

复合数据类型在 Python 中主要分为以下几类：

（1）序列类型：包括元组、列表和字符串。序列类型允许按顺序访问元素，并且支持切片和连接等操作。

（2）映射类型：主要是字典。字典是无序的，使用键-值对的方式存储数据，允许快速查找和修改。

（3）集合类型：是用于存储唯一值的集合，支持集合运算（如交、并等）。集合类型强调数据的唯一性和无序性。

这些复合数据类型各自有其特定的用途和优势，开发者可以根据实际需求选择合适的数据结构来处理数据。

二、数据类型的可变性

（一）可变数据类型

可变数据类型是指在创建后可以修改其内容的数据类型。在 Python 中，列表、字典和集合都属于可变数据类型。它们允许对其内部元素进行添加、删除和修改，而不需要创建新的对象。例如：

```
# 列表是可变类型
my_list = [1, 2, 3]
my_list.append(4)   # 修改列表,添加元素
print(my_list)   # 输出: [1, 2, 3, 4]
```

（二）不可变数据类型

不可变数据类型是指一旦创建，其内容就无法更改的类型。字符串和元组属于不可变数据类型。对不可变数据类型的任何修改操作都会返回一个新的对象，而原对象保持不变。例如：

```
# 字符串是不可变类型
my_string = "hello"
new_string = my_string.replace("h", "H")   # 返回一个新字符串
print(my_string)   # 输出: hello
print(new_string)   # 输出: Hello
```

（三）可变与不可变数据类型的区别及影响

可变和不可变数据类型的主要区别在于它们的修改方式。可变数据类型允许原地修改数据，而不可变数据类型在每次修改时都会生成新的对象。这种区别在性能和内存管理上有重要影响：

（1）性能：可变数据类型在修改时不需要复制数据，因此在处理大量数据时可能更高效。不可变数据类型在每次修改时都会创建新对象，这可能导致代码性能下降，尤其

是在大规模处理数据时。

（2）内存管理：不可变数据类型的对象在内存中是固定的，这意味着它们更易于管理和优化，适合多线程环境。可变数据类型则可能导致意外的修改，尤其是在传递参数时，容易引发错误。

理解可变性对选择合适的数据结构和编写高效、可靠的代码至关重要。在实际编程中，开发者应根据数据的性质和需求合理选择可变或不可变的数据类型。

第二节　序列类型——字符串、列表与元组

在 Python 编程中，序列类型是最基本、最重要的数据结构之一。它们用于存储多个值，并提供便捷的方法来访问和操作这些值。序列类型主要包括字符串、列表和元组，这些数据结构各有其特点和用途。

本节将介绍字符串、列表和元组的基本概念、操作方法及其应用场景。

一、字符串进阶

字符串基础在第二章已介绍过，本节仅介绍字符串的进阶操作。

（一）字符串的常用方法

Python 字符串提供了许多内置方法，用于处理文本数据。常用的方法包括：

（1）len()：返回字符串的长度。

（2）upper() 和 lower()：将字符串转换为大写或小写。

（3）strip()：去除字符串两端的空白字符（包括空格、制表符、换行符等）。

（4）replace(old, new)：替换字符串中的指定部分。

（5）split(separator)：将字符串分割为列表。

（6）join(): 将可迭代对象（如列表、元组等）中的元素连接成一个新的字符串，元素之间使用指定的分隔符。

代码示例：

```
text = "  Hello, Python!  "
print(text.strip())            # 输出: "Hello, Python!"
print(text.lower())            # 输出: "  hello, python!  "
print(text.replace("Python", "World"))  # 输出: "  Hello, World!  "
print(text.split(","))         # 输出: ['  Hello', ' Python!  ']
# 使用 join() 方法将列表元素连接成一个新的字符串,使用空格作为分隔符
words = ["Hello", ",", "Python", "World"]
joined_text = " ".join(words)
print(joined_text)             # 输出: "Hello , Python World"
```

（二）正则表达式

正则表达式是处理复杂字符串匹配和操作的强大工具。在 Python 中，re 模块提供了

对正则表达式的支持。正则表达式可以用于查找、替换和分割字符串等操作。

代码示例：

```
import re

text = "The rain in Spain falls mainly on the plain."
pattern = r"\bain\b"  # 匹配包含"ain"的单词
matches = re.findall(pattern, text)
print(matches)  # 输出: ['rain', 'Spain', 'plain']
```

常用的正则表达式操作包括：

（1）re.search(pattern, string)：查找字符串中首次匹配的模式。

（2）re.match(pattern, string)：判断字符串的开始是否匹配模式。

（3）re.sub(pattern, replacement, string)：替换字符串中所有匹配的模式。

（三）字符串编码与解码

字符串在计算机中以特定的编码格式存储，常见的编码格式有 UTF-8、ASCII 等。在 Python 中，可以使用 encode() 和 decode() 方法进行编码和解码。

代码示例：

```
# 编码
text = "Hello, World!"
encoded_text = text.encode('utf-8')

# 解码
decoded_text = encoded_text.decode('utf-8')
```

了解字符串编码与解码非常重要，尤其是在处理多语言文本或从外部文件读取数据时。

二、列表

（一）创建与初始化

列表是 Python 中最常用的复合数据类型之一，它可以存储多个值并允许动态修改。创建列表的基本方式是使用方括号（[]）。

代码示例：

```
# 创建空列表
my_list = []

# 初始化列表
numbers = [1, 2, 3, 4, 5]
fruits = ["apple", "banana", "cherry"]
mixed = [1, "apple", 3.14]
```

列表中的元素可以是不同类型的，也可以嵌套其他列表。

（二）列表操作

列表提供了一系列操作方法，可以对其元素进行灵活处理。

1.列表中元素的操作

（1）查找

可以使用 in 运算符检查元素是否在列表中，或使用 index() 方法查找元素的索引。

代码示例：

```python
fruits = ["apple", "banana", "cherry"]
if "banana" in fruits:
    print("Banana is in the list!")

index = fruits.index("cherry")   # 输出: 2
```

（2）增加

可以使用 append() 方法在列表末尾添加元素，使用 insert() 方法在指定位置插入元素。

代码示例：

```python
fruits.append("orange")   # 在末尾添加元素
fruits.insert(1, "grape")   # 在索引1的位置插入元素
```

（3）删除

可以使用 remove() 方法删除指定元素，使用 pop() 方法删除指定索引的元素并返回它。

代码示例：

```python
fruits.remove("banana")   # 删除指定元素
popped_fruit = fruits.pop(0)  # 删除并返回索引0的元素
```

（4）修改

通过索引直接对列表元素进行修改。

代码示例：

```python
fruits[1] = "kiwi"   # 将索引1的元素修改为"kiwi"
```

2.列表推导式

列表推导式是一种用于创建和操作列表的简洁方法。它允许通过单行表达式生成新的列表，通常与控制语句结合使用。

代码示例：

```python
# 创建一个平方数的列表
squares = [x**2 for x in range(10)]
# 过滤出偶数的平方数
even_squares = [x**2 for x in range(10) if x % 2 == 0]
```

列表推导式可使代码更加简洁，还可提高代码执行效率。

3.常用函数与操作方法

Python为列表提供了一系列内置函数和操作方法，包括：

（1）len()：获取列表长度。

（2）sort() 和 sorted()：对列表进行排序。

（3）reverse()：反转列表。

（4）copy()：复制列表。

代码示例：

```
numbers = [5, 3, 2, 4, 1]
numbers.sort()  # 对列表进行排序
reversed_numbers = numbers[::-1]  # 反转列表
copied_list = numbers.copy()  # 复制列表
```

这些方法使得列表操作更加方便和高效。

三、元组

（一）创建与初始化

元组是 Python 中的一种不可变序列类型，创建元组使用圆括号（()）。元组一旦创建，元组中的元素就不能被修改，这在需要保护数据不被更改时非常有用。

代码示例：

```
# 创建空元组
empty_tuple = ()

# 初始化元组
coordinates = (10.0, 20.0)
colors = ("red", "green", "blue")
single_element_tuple = (42,)  # 单个元素元组需要加逗号
```

（二）访问与遍历

元组的访问方式与列表相同，可以通过索引访问元素，也支持切片操作。

代码示例：

```
first_color = colors[0]  # 输出: red
sub_tuple = colors[1:]  # 输出: ('green', 'blue')

# 遍历元组
for color in colors:
    print(color)
```

（三）连接与不可变性

元组可以通过加号（+）进行连接，生成一个新的元组。

代码示例：

```
new_tuple = coordinates + (30.0, 40.0)  # 输出: (10.0, 20.0, 30.0, 40.0)
```

由于元组的不可变性，不能直接修改元组中的元素，但可以通过连接或创建新的元

组实现相似功能。

（四）常用函数与操作方法

Python提供了多种函数用于处理元组，包括：

（1）len()：获取元组的长度。

（2）count(value)：统计元组中某个元素出现的次数。

（3）index(value)：返回元素第一次出现的索引。

代码示例：

```
my_tuple = (1, 2, 3, 1, 2)
length = len(my_tuple)     # 输出: 5
count_of_one = my_tuple.count(1)   # 输出: 2
index_of_two = my_tuple.index(2)     # 输出: 1
```

元组由于其不可变性，常用作字典的键，或用于函数的返回值，以确保数据的完整性和安全性。

第三节　映射类型——字典

字典是Python中一种重要的映射类型，用于存储键值对（key-value pairs）。字典与其他序列类型（如列表和元组）不同，它是无序且可变的，允许快速地根据键访问其对应的值。字典的灵活性和高效性使其成为数据存储和管理中不可或缺的一部分。

本节将介绍字典的创建与初始化、常用操作、对字典中元素的管理以及嵌套字典的使用。通过对这些内容的深入理解，将能在Python编程中有效地使用字典来处理各种复杂的数据结构。

一、创建与初始化

在Python中，创建字典的基本方式是使用花括号（{}）或dict()构造函数。字典中的每个键必须是唯一的且不可变的，通常使用字符串、数字或元组作为键。

（一）基本创建方式

1. 使用花括号创建字典

```
# 创建一个空字典
empty_dict = {}

# 创建一个带初始值的字典
student = {
    "name": "Alice",
    "age": 21,
    "major": "Computer Science"
}
```

2. 使用 dict() 函数创建字典

```
# 使用 dict() 创建字典
person = dict(name="Bob", age=30, city="New York")
```

3. 从键值对列表创建字典

```
# 从列表创建字典
pairs = [("name", "Charlie"), ("age", 25)]
person_dict = dict(pairs)
```

字典的创建非常灵活，可以根据需求选择合适的方法。

（二）字典的基本特性

（1）无序性：字典是无序的，键值对的顺序是不固定的。自 Python 3.7 起，字典保持插入顺序。

（2）可变性：字典是可变的，可以随时修改其内容。

（3）唯一性：字典中的每个键都是唯一的，如果用同一个键再次赋值，原值将被覆盖。

二、字典操作

字典提供了多种操作，可以方便地实现增、删、改、查等基本功能。

（一）查找

在字典中查找值非常简单，可以通过键直接访问相应的值。例如：

```
# 通过键查找值
age = student["age"]  # 输出: 21
```

如果尝试访问一个不存在的键，会出现KeyError异常。为了安全查找，可以使用get()方法，这样可以在键不存在时返回None或指定的默认值。例如：

```
# 使用 get() 方法查找
major = student.get("major")  # 输出: "Computer Science"
hobby = student.get("hobby", "Unknown")  # 输出: "Unknown"
```

（二）增加

可以通过直接赋值的方式向字典中添加新键值对。例如：

```
# 添加新键值对
student["hobby"] = "Reading"
```

使用update()方法可以将其他字典的键值对合并到当前字典中。例如：

```
# 合并字典
new_info = {"hobby": "Traveling", "year": 2023}
student.update(new_info)  # "hobby" 将被更新,"year" 将被添加
```

（三）删除

字典提供了几种方法来删除键值对。

1. 使用 del 语句

例如：

Python程序设计基础教程

```
# 删除指定键值对
del student["age"]
```

2.使用 pop() 方法

此方法不仅能删除指定键，还会返回对应的值。例如：

```
# 使用 pop() 方法删除键值对并返回值
removed_value = student.pop("major")   # 输出: "Computer Science"
```

3.使用 popitem() 方法

删除字典中最后插入的键值对，并返回键值对。例如：

```
# 删除并返回最后插入的键值对
last_item = student.popitem()   # 例如: ("hobby", "Traveling")
```

（四）修改

要修改字典中某个键的值，可以通过键直接赋值。例如：

```
student["name"] = "Alice Johnson"   # 修改姓名
```

使用update()方法也可以实现批量修改。例如：

```
# 批量修改
student.update({"name": "Alice Johnson", "age": 22})
```

三、字典中元素操作的效率

（一）查找

如前所述，查找字典中的值非常简单，使用键直接访问即可。字典的查找操作在平均情况下时间复杂度为$O(1)$，因此效率极高。

（二）增加

添加新元素的操作也非常高效，可以在$O(1)$的时间复杂度内完成。通过赋值或update()方法可以灵活地增加元素。

（三）删除

删除字典中的元素会影响字典的大小和结构，可根据需要选择合适的删除方法。pop()方法返回被删除元素的值，这在某些情况下是非常有用的。

（四）修改

修改操作简单且高效，能够快速更新字典中的内容。运用update()方法可以一次性修改多个键值对。

四、嵌套字典的使用

嵌套字典是指字典中包含其他字典。这种结构适合表示复杂的数据关系，如存储学生的多门课程成绩。

（一）创建嵌套字典

例如：

```
# 创建嵌套字典
students = {
    "Alice": {
        "math": 85,
        "english": 90
    },
    "Bob": {
        "math": 78,
        "english": 88
    }
}
```

（二）访问嵌套字典的元素

可以使用多个键来访问嵌套字典中的元素。例如：

```
# 访问嵌套字典中的元素
alice_math_score = students["Alice"]["math"]   # 输出: 85
```

（三）修改嵌套字典中的元素

例如：

```
# 修改嵌套字典中的元素
students["Bob"]["english"] = 92    # 修改 Bob 的英语成绩
```

（四）添加和删除嵌套字典的元素

1 添加

例如：

```
students["Charlie"] = {"math": 80, "english": 85}   # 添加新的学生
```

2.删除

例如：

```
del  students["Alice"]["math"]   # 删除 Alice 的数学成绩
```

嵌套字典的灵活性使其能够高效地表示复杂的数据结构。通过层级访问，可以轻松管理和操作多维数据。

第四节　集合类型

集合是 Python 中的一种内置数据类型，主要用于存储多个不重复的元素。集合的设计灵感来源于数学中的集合概念，强调元素的唯一性和无序性。与列表和字典等其他数据类型相比，集合在处理特定类型问题时具有更高的效率，尤其是在进行元素查找、去重以及执行集合运算时。

本节将介绍集合的创建与初始化、集合运算、集合中元素的操作，以及集合的应用场景与示例。通过对这些内容的理解和实践，能够充分利用集合类型的优势，提高编程效率。

一、创建与初始化

在 Python 中，集合可以通过多种方式进行创建和初始化。最常见的方法是使用花括号（{}）或调用内置的 set()函数。

（一）使用花括号创建集合

```
# 创建一个空集合
empty_set = set()   # 注意:使用 {} 创建的是空字典

# 创建一个包含初始元素的集合
fruits = {"apple", "banana", "orange"}
```

（二）使用 set() 函数创建集合

set()函数可以从可迭代对象创建集合，比如列表、元组或字符串。

```
# 从列表创建集合
numbers = set([1, 2, 3, 4, 5])

# 从字符串创建集合
char_set = set("hello")   # 输出: {'h', 'e', 'l', 'o'}
```

（三）集合的特性

（1）无序性：集合中的元素没有固定的顺序，因此无法通过索引访问。

（2）唯一性：集合中的每个元素都是唯一的，如果添加重复元素，它会被自动忽略。

（3）可变性：集合是可变的，可以随时添加或删除元素。

二、集合运算

集合支持多种数学运算，包括并集、交集、差集等，从而使数据处理更为直观和高效。

（一）数学运算

1. 并集

并集操作可以将两个集合中的所有元素合并成一个新的集合。

```
set_a = {1, 2, 3}
set_b = {3, 4, 5}
union_set = set_a | set_b   # 输出: {1, 2, 3, 4, 5}
```

2. 交集

交集操作返回两个集合中共同存在的元素。

```
intersection_set = set_a & set_b   # 输出: {3}
```

3. 差集

差集操作返回在第一个集合中但不在第二个集合中的元素。

```
difference_set = set_a - set_b   # 输出: {1, 2}
```

（二）其他集合操作

除了基本的集合运算，Python还提供了多种方法来处理集合。

1. 子集与超集

可以使用issubset()和issuperset()方法检查一个集合是否是另一个集合的子集或超集。

```python
set_c = {1, 2}
is_subset = set_c.issubset(set_a)    # 输出: True
is_superset = set_a.issuperset(set_c)    # 输出: True
```

2. 对称差集

对称差集返回两个集合中不重复的元素。

```python
symmetric_difference_set = set_a ^ set_b   # 输出: {1, 2, 4, 5}
```

三、集合中元素的操作

集合提供了一些方法用于对元素进行查找、增加、删除和修改等操作。

（一）查找

虽然集合是无序的，但可以使用in关键字快速判断某个元素是否在集合中。

```python
is_apple_in_set = "apple" in fruits    # 输出: False
is_banana_in_set = "banana" in fruits    # 输出: True
```

（二）增加

可以使用add()方法向集合中添加元素。

```python
fruits.add("grape")    # 添加新元素
```

如果尝试添加重复元素，集合将忽略该操作。

```python
fruits.add("banana")    # 仍然是 {"apple", "banana", "orange", "grape"}
```

（三）删除

可以使用remove()或discard()方法删除集合中的元素。

（1）remove()：如果元素不存在，将抛出 KeyError 异常。

```python
fruits.remove("orange")    # 删除"orange"
```

（2）discard()：如果元素不存在，不会抛出异常。

```python
fruits.discard("apple")    # 删除"apple"
fruits.discard("kiwi")        # 不会报错,即使"kiwi"不在集合中
```

（四）修改

集合不支持直接修改元素，但可以通过删除和添加来实现。

```python
# 示例:修改集合中的元素
fruits.remove("banana")    # 删除"banana"
fruits.add("kiwi")          # 添加"kiwi"
```

四、应用场景与示例

集合在编程中的应用非常广泛，以下是一些常见的应用场景：

（一）去重

集合最常见的用途之一是去除重复元素。例如，从一个列表中获取唯一值：

```
numbers = [1, 2, 2, 3, 4, 4, 5]
unique_numbers = set(numbers)   # 输出: {1, 2, 3, 4, 5}
```

（二）集合运算

在数据分析中，集合运算可以帮助我们快速找到共同元素或不同元素。例如，找出两个用户之间的共同朋友：

```
friends_a = {"Tom", "Jerry", "Mickey"}
friends_b = {"Jerry", "Spike", "Minnie"}

# 共同朋友
common_friends = friends_a & friends_b   # 输出: {"Jerry"}

# 只在一个用户的朋友列表中的人
only_friends_a = friends_a - friends_b   # 输出: {"Tom", "Mickey"}
```

（三）实现数学集合运算

在数学中，集合用于表示一组特定的对象，使用Python的集合类型可以方便地实现集合的功能。

（四）数据关系处理

在数据库操作和数据关系处理时，集合可以处理如交集、并集等复杂的数据关系，从而提高编程效率。

第五节　复合数据类型的对比与选择

在 Python 编程中，复合数据类型（如字符串、列表、元组、字典和集合）是处理和存储数据的重要工具。不同的复合数据类型有其独特的特性和适用场景，因此选择合适的数据结构对于提高程序的性能和可读性至关重要。本节将对各种复合数据类型的优缺点进行比较，帮助开发者根据需求做出明智的选择，并通过具体应用场景和代码示例深入理解各类数据结构的适用性。

一、各复合数据类型的优缺点

（一）字符串

1.优点

（1）不可变性：字符串一旦创建，就不能被修改，这在多线程环境下是一个重要特性，避免了数据竞争。

（2）丰富的方法：Python提供了丰富的内置方法，用于字符串处理，例如格式化、查找、替换等。

2.缺点

不可变性带来的性能损失：对字符串的频繁操作（如拼接）会生成多个中间对象，从而增加内存使用。

（二）列表

1.优点

（1）可变性：列表可以动态调整大小，允许随意添加、删除和修改元素。

（2）灵活性：列表支持多种数据类型的元素，且可以嵌套列表。

2.缺点

（1）性能开销：频繁的添加和删除操作可能导致程序性能下降，特别是在列表较长时。

（2）内存占用：由于列表可以动态扩展，因此在某些情况下会导致内存浪费。

（三）元组

1.优点

（1）不可变性：类似于字符串，元组一旦创建，其内容不可更改，适合存储不需要修改的数据。

（2）占用内存少：相较于列表，元组的内存占用更小，性能更高。

2.缺点

灵活性差：不可变性导致无法对元组进行动态修改，限制了其应用场景。

（四）字典

1.优点

（1）快速查找：字典使用哈希表实现，能够在平均$O(1)$的时间复杂度内完成查找操作。

（2）灵活性：字典允许使用任意不可变数据类型作为键，并可以存储复杂的数据结构。

2.缺点

（1）内存占用：字典的存储结构会占用较多的内存空间，尤其是存储大量数据时。

（2）哈希冲突：在极端情况下，哈希冲突会导致查找性能下降。

（五）集合

1.优点

（1）唯一性：集合自动去重，适合处理不重复的数据。

（2）高效运算：集合支持快速的交集、并集、差集等集合运算，适合处理数学相关问题。

2.缺点

（1）无序性：集合中的元素没有顺序，因此不支持索引访问。

（2）不可变性：集合的元素必须是不可变类型，这限制了数据的存储。

二、选择合适的复合数据类型

（一）基于操作需求的选择

选择复合数据类型时，首先要考虑实际操作需求。以下是一些常见操作和对应的数据类型选择建议：

（1）查找需求：如果需要频繁查找某个元素，字典或集合是优选。字典能够通过键快速访问值，而集合适合处理不重复的数据。

（2）顺序访问：若需按顺序访问数据，列表是最佳选择。若数据不需要修改且数量较小，也可以使用元组替代。

（3）去重需求：当需要去重时，集合提供了最佳解决方案。使用集合可以快速获取唯一的元素。

（二）基于性能优化的选择

性能是选择数据结构时必须考虑的因素，不同的数据结构在存储和访问方面的效率各异。

（1）高频读写：对于需要频繁读写的数据，选择列表或字典。字典提供快速查找，而列表在数据量较小时操作更快。

（2）内存占用：元组在内存占用方面表现优秀，适合存储小型固定数据。如果主要考虑内存占用，尽量使用元组而非列表。

（3）扩展性：列表可动态扩展，适合不确定数据大小的场景。但如果数据量很大且只需存储不变的数据，考虑使用元组或集合。

三、各复合数据的应用场景与代码示例

（一）字符串应用场景

字符串广泛应用于文本处理、数据格式化等场景。在处理用户输入或生成输出时，我们可以利用字符串的格式化功能。例如：

```python
# 字符串格式化示例
name = "Alice"
age = 30
greeting = f"Hello, my name is {name} and I am {age} years old."
print(greeting)
```

（二）列表与元组应用场景

（1）列表适合存储可变的数据，例如用户的购物车：

```python
# 列表示例
shopping_cart = ["apple", "banana", "orange"]
shopping_cart.append("grape")
print(shopping_cart)  # 输出: ['apple', 'banana', 'orange', 'grape']
```

（2）元组适合存储固定的数据，例如坐标点：

```
# 元组示例
coordinates = (10.0, 20.0)
print(f"X: {coordinates[0]}, Y: {coordinates[1]}")
```

（三）字典应用场景

字典非常适合存储键值对数据，例如用户信息或配置选项：

```
# 字典示例
user_info = {
    "name": "Alice",
    "age": 30,
    "city": "New York"
}
print(user_info["name"])   # 输出: Alice
```

（四）集合应用场景

集合在处理唯一数据时表现优秀，例如去重或集合运算：

```
# 集合示例
numbers = [1, 2, 2, 3, 4, 4, 5]
unique_numbers = set(numbers)
print(unique_numbers)   # 输出: {1, 2, 3, 4, 5}
```

本章小结

本章比较了Python中的各种复合数据类型，包括字符串、列表、元组、字典和集合的优缺点、选择标准及其应用场景。通过理解不同数据结构的特性，开发者能够根据具体的操作需求和性能要求，选择合适的复合数据类型，从而提高代码的可读性和执行效率。

练习题

1.编写一个程序，要求用户输入一串数字，输出该串数字中唯一的数字（去重）。

2.创建一个字典，存储五个学生的姓名和成绩，计算并输出平均成绩。

3.定义一个包含元组的列表，每个元组包含一个人的姓名和年龄，找出年龄最大的人的姓名。

4.使用集合实现两个班级学生名单的交集、并集和差集运算，输出相关结果。

第六章　异常处理机制

学习目标

（1）理解异常处理的机制及其在编程中的重要性。

（2）掌握使用 Python 的异常处理语句来提高代码健壮性的方法。

（3）学会使用断言进行程序状态的验证和调试。

异常处理是现代编程语言中一个至关重要的概念，尤其在开发复杂和大型应用时，其重要性愈加明显。在编写代码的过程中，开发者经常遇到各种错误和意外情况，包括但不限于输入错误、文件未找到、网络连接失败等。如果这些情况得不到有效处理，可能会导致程序崩溃或产生不可预测的结果，最终影响用户体验和系统的稳定性。

通过合理的异常处理机制，开发者可以捕获和处理这些异常，从而使程序在面对错误时仍能保持运行，或者提供友好的错误提醒信息。这不仅可以提升程序的健壮性，还能有效地防止潜在的数据丢失或其他严重后果。通过使用 Python 的异常处理语句，如 try、except、finally 等，开发者能够灵活地控制程序的执行流程，以确保在出现错误时能够进行适当的响应和恢复。

此外，断言（assertion）作为一种轻量级的调试工具，也在程序的开发与测试中扮演着重要角色。通过断言，开发者可以在代码中设置条件验证，以确保程序在运行时满足特定的预期状态。这种自我检查机制可以帮助开发者及时发现潜在的问题，从而快速定位并修复代码中的缺陷。

本章将介绍 Python 中异常处理的基本概念、语法和应用，帮助读者掌握有效的错误处理技巧，以及如何使用断言增强代码的可读性和可靠性。

第一节　异常处理

一、异常的概念

异常是指在程序执行过程中发生的错误或意外事件。当程序遇到无法处理的条件时，便会引发异常。异常不仅仅是错误的结果，更是程序执行过程中的一种特殊状态，异常能够帮助开发者识别和处理潜在的问题。Python提供了丰富的异常处理机制,可提高程序的健壮性和稳定性。

Python中有多种内置异常,常见的包括:

(1) ZeroDivisionError:当除以零时引发。

(2) ValueError:当函数接收到一个参数类型正确但值不合适时引发。

(3) TypeError:当操作或函数应用于错误类型的对象时引发。

(4) IndexError:当尝试访问序列(如列表或元组)中不存在的索引时引发。

了解这些异常的含义和场景,将有助于开发者在编写代码时采取预防措施。

二、try...except 语句

Python中的异常处理主要通过try...except语句实现。这一语句允许程序在执行可能引发异常的代码时,捕获并处理这些异常,避免程序崩溃。

(一)基本用法

try...except的基本结构如下:

```
try:
    # 可能引发异常的代码
except ExceptionType:
    # 处理异常的代码
```

在try块中放置可能出错的代码,一旦发生异常,程序立即跳转到对应的except块中执行相关处理。

代码示例:

```
try:
    num = int(input("请输入一个数字:"))
    result = 10 / num
except ValueError:
    print("输入无效,必须输入一个数字。")
except ZeroDivisionError:
    print("错误:不能除以零。")
```

在这个示例中,程序首先尝试将用户输入的数字转换为整数,并进行除法操作。如果输入的内容不是数字,则会捕获ValueError;如果输入的数字为零,则会捕获ZeroDivisionError。

(二)捕获特定异常

使用try...except可以精确捕获特定的异常类型,这对于错误的分类和处理非常有用。例如:

```
try:
    value = int(input("请输入一个整数:"))
except ValueError:
    print("输入无效,请确保输入的是一个整数。")
```

通过捕获特定异常，程序能提供更具体的错误反馈，从而提升用户体验。

（三）多个except的使用

一个try块可以有多个except块，以处理不同类型的异常。这样可以根据不同的错误情况，执行相应的处理逻辑。

```
try:
    numerator = int(input("请输入分子："))
    denominator = int(input("请输入分母："))
    result = numerator / denominator
except ZeroDivisionError:
    print("错误：分母不能为零。")
except ValueError:
    print("错误：输入必须是一个整数。")
```

在这个示例中，为除法操作定义了两个except块，分别处理分母为零和输入类型错误的情况。

三、finally语句

finally语句是可选的，通常用于清理操作，例如关闭文件或释放资源。无论try块中的运行代码是否发生异常，finally中的代码都会被执行。

（一）用法及场景

使用finally的典型场景是打开文件或数据库连接后，确保它们在使用后被正确关闭。这在处理文件操作、网络连接或数据库事务时尤为重要。例如：

```
try:
    file = open("example.txt", "r")
    content = file.read()
except FileNotFoundError:
    print("文件未找到。")
finally:
    if 'file' in locals():
        file.close()
        print("文件已关闭。")
```

在这个例子中，finally确保文件在操作完成后被关闭，即使在try块中发生了异常。

（二）与try...except的结合

finally通常与try...except一起使用，以确保在异常处理后也能执行某些清理操作。例如：

```
try:
    num = int(input("请输入一个数字："))
    result = 10 / num
```

```
except ZeroDivisionError:
    print("不能除以零！")
finally:
    print("无论发生什么，都会执行这段代码。")
```

这里，即使在try块中发生了ZeroDivisionError，finally中的代码依然会执行，以确保程序的清理逻辑不会被忽略。

四、引发异常

有时，程序员需要主动引发异常，以便在特定条件下处理逻辑。这可以使用raise语句来实现。

（一）使用raise语句

raise可以引发指定类型的异常。这在需要验证输入或强制特定条件时非常有用。例如：

```
def divide(a, b):
    if b == 0:
        raise ValueError("除数不能为零！")
    return a / b
```

在这个函数中，如果传入的除数为零，程序将引发ValueError，提醒调用者处理该问题。

（二）自定义异常类

除了使用内置异常外，Python还允许开发者自定义异常类。这种方式能使程序的异常处理更加灵活，并符合业务逻辑。例如：

```
class MyCustomError(Exception):
    pass

def check_value(value):
    if value < 0:
        raise MyCustomError("值不能为负数！")

try:
    check_value(-10)
except MyCustomError as e:
    print(f"发生自定义异常：{e}")
```

在这个示例中，定义了一个自定义异常MyCustomError，并在check_value函数中引发该异常。通过这种方式，开发者可以将业务逻辑中的错误具体化和可控化。

异常处理是编写健壮的Python代码的重要组成部分。通过理解异常的基本概念、掌握try...except语句的使用、运用finally确保资源的清理以及能够引发和自定义异常，开发者可以更有效地管理程序的运行状态，提升代码的可靠性和用户体验。良好的异常处理不仅能帮助开发者捕获错误，还能提供清晰的反馈，使程序更易于维护和调试。

第二节 断 言

断言是程序中用于进行内部自我检查的一种机制。在程序开发过程中，尤其是在程序调试阶段，断言可以帮助开发者快速捕获和定位错误。通过设定条件，开发者能够验证程序在特定情况下是否正常运行。若条件不满足，程序将引发 AssertionError 异常，从而提醒开发者注意潜在问题。

断言的主要目的是在代码中插入"假设"或"期望"，这在验证算法的正确性和前置条件时尤为重要。使用断言，可以有效地减少潜在的错误，使代码在开发和测试阶段更加可靠。

一、assert 语句

（一）基本用法

assert 语句的基本语法结构如下：

```
assert  condition, message
```

其中，condition 是需要验证的条件，如果条件为 False，则引发 AssertionError，并输出可选的 message。例如：

```
def divide(a, b):
    assert  b != 0, "分母不能为零！"
    return a / b

result = divide(10, 0)   # 这里将引发 AssertionError
```

在这个示例中，如果尝试将 0 作为分母，则会引发 AssertionError，并输出"分母不能为零！"的提示信息。这种机制在验证关键条件时特别有效，可确保代码的安全性。

（二）复杂表达式的断言

断言不仅可以用于简单条件的检查，也可以用于复杂表达式的检查。开发者可以将多个条件结合在一起进行更详细的验证。

```
def process_data(data):
    assert isinstance(data, list), "数据必须是列表"
    assert len(data) > 0, "数据列表不能是空的"
    # 进一步处理数据
```

在这个示例中，我们首先验证输入的 data 是否为列表类型，并且检查其长度是否大于零。这种多重断言可确保在处理数据之前输入的参数符合预期的要求。

（三）禁用断言

为了提高程序性能，可以选择禁用断言。通过 Python 的解释器选项，可以在启动程序时添加-O（优化）标志，从而禁用所有的断言。例如：

python -O your_script.py

在此模式下，所有的assert语句都不会被执行。这在某些情况下是非常有用的，特别是在需要提升程序性能或去除调试信息时。

二、断言与调试

（一）捕获并处理断言异常

在实际程序开发中，虽然断言是一种调试工具，但在某些情况下也其可能需要捕获AssertionError异常。通过这种方式，开发者可以针对特定场景进行自定义的错误处理。例如：

```
try:
    assert 1 + 1 == 3, "数学错误！"
except AssertionError as e:
    print(f"捕获到异常：{e}")
```

在这个示例中，断言失败后引发的AssertionError被捕获，并打印出详细的错误信息。这种方式可以用于程序调试阶段，帮助开发者了解程序在执行过程中所遇到的具体问题。

（二）使用断言进行单元测试

断言是单元测试中的一个核心概念。许多测试框架（如unittest和pytest）广泛使用断言来验证代码的正确性。例如：

```
import unittest

class TestMathOperations(unittest.TestCase):
    def test_addition(self):
        self.assertEqual(1 + 1, 2)

if __name__ == "__main__":
    unittest.main()
```

在这个简单的单元测试示例中，assertEqual方法实际上也是一个断言方法，用于验证两个值是否相等。测试框架的断言功能增强了代码的可测试性，可确保在修改代码时不会引入新的错误。

三、断言在开发和测试中的应用

（一）在开发阶段使用断言

在开发阶段，使用断言有助于及时发现错误。开发者可以在关键路径中添加断言，确保程序在运行时满足预期条件。这不仅提高了代码的健壮性，还能在程序出现问题时快速定位源头。例如：

```
def calculate_area(radius):
    assert radius >= 0, "半径不能为负数"
    return 3.14159 * radius ** 2
```

在这个示例中，开发者要确保半径为非负数，这对于计算圆的面积至关重要。若在程序开发阶段发现问题，可以迅速进行修复。

（二）在测试阶段使用断言

在程序测试阶段，断言被广泛用于验证程序的行为是否符合预期。通过断言，开发者能够清晰地检查程序是否正常工作。例如：

```
def test_calculate_area():
    assert calculate_area(0) == 0
    assert calculate_area(1) == 3.14159
```

这些断言确保了 calculate_area 函数在不同输入情况下都能返回正确的结果，以帮助开发者维护代码的正确性。

四、断言应用的注意事项

（一）断言的使用场景

断言适合用于验证不应该发生的条件，例如不变式（invariants）、前置条件（pre-conditions）和后置条件（postconditions）。它们不应替代正常的错误处理逻辑，而是用于辅助开发和调试。

（二）提供详细的错误消息

在使用断言时，提供详细的错误消息能够帮助开发者快速理解出错原因。当条件不满足时，明确的错误提示能够有效缩短程序调试时间。例如：

```
assert x > 0, f"输入值错误：{x},必须大于零"
```

通过这种方式，当断言失败时，错误消息中将包含具体的输入值，极大地方便了问题的定位和解决。

本章小结

本章介绍了异常处理在 Python 编程中的重要性及其基本概念。异常处理是一种机制，它允许程序在遇到错误或意外情况时，能够以可控的方式进行处理，而不是直接崩溃。这种机制对于提高程序的健壮性和用户体验至关重要。我们学习了如何使用 try...except 语句块来捕获和处理异常，这有助于我们处理潜在的运行时错误，并确保程序的连续运行。我们还探讨了 finally 语句的用法，它保证了无论是否发生异常，某些关键资源都能被正确释放。此外，本章介绍了如何通过 raise 关键字主动抛出异常，以及如何创建自定义异常类来处理特定的错误情况。自定义异常类使得错误处理更加清晰和有针对性，有助于提升代码的可维护性。我们还学习了 assert 语句的使用，它是一种用于检查条件是否为真的便捷方式，常用于开发和测试阶段，以验证程序的正确性。

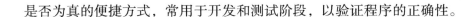

练习题

1.简述异常处理的基本概念和重要性。

2.编写一个程序，演示如何使用 try...except 语句捕获不同类型的异常。

3.自定义一个异常类，并编写一个函数引发该异常。

4.使用 assert 语句验证一个函数的输入参数，确保它们在合理范围内。

第七章　文件操作

📖 **学习目标**

（1）掌握Python中文件操作的基本概念和方法，为学习数据存储和管理打下坚实的基础。

（2）熟练掌握文件的读写、创建、删除、重命名等操作，提升日常编程的效率。

（3）理解文件路径、文件模式、文件指针等概念，深入掌握文件操作的内在机制。

（4）掌握文件操作的异常处理机制，编写更加健壮和可靠的代码。

（5）了解文件操作的高级技巧，如文件压缩、加密等，拓宽技术视野，提升解决问题的能力。

在当今的信息时代，数据的存储和管理显得尤为重要。文件操作作为编程领域的一项基本技能，对于开发者来说至关重要。Python语言以其优雅的语法和丰富的库，为文件操作提供了强大的支持。本章将介绍Python中的文件操作技巧，内容包括从基础操作到高级操作，从文件的打开、读写、指针管理到异常处理、文件压缩和加密等。

第一节　文件的打开与操作

文件操作是编程的基石，它使得数据的持久化存储成为可能。在Python中，文件操作能够轻松地与外部数据进行交互。

一、打开文件

在Python中，一切从open()函数开始。这个内置函数是文件操作的起点，它允许用户指定文件的路径和打开模式，从而实现对文件的精确控制。

（1）文件路径：它是文件在文件系统中的唯一标识。用户可以使用绝对路径，从根目录逐层定位到目标文件；也可以使用相对路径，以当前工作目录为起点，简化路径的表示。

（2）打开模式：它决定了文件将以何种方式进行读写。Python提供了多种模式，如 'r'（只读）、'w'（写入，覆盖原内容）、'a'（追加内容到文件末尾）、'r+'（读写，不覆盖原内容)、'w+'（读写，覆盖原内容）和'a+'（读写，追加内容）。每种模式都有其特定的应用场景。例如：

```
# 以只读方式打开文件
file = open('example.txt', 'r')
# 如果需要写入文件,可以使用以下模式
# file = open('example.txt', 'w')  # 注意:这将覆盖文件原有内容
# 如果需要在文件末尾追加内容,可以使用追加模式
# file = open('example.txt', 'a')
```

二、文件的读写

文件的读写操作是文件操作的核心。通过读取，可以获取文件中的数据；通过写入，可以将数据保存到文件中。

（1）读取文件：Python 提供了 read()、readline() 和 readlines() 三种方法。read() 用于读取整个文件内容，readline() 用于逐行读取，而 readlines() 则将文件的所有行读入一个列表。

（2）写入文件：Python 提供了 write() 和 writelines() 两种方法。write() 用于将字符串写入文件，而 writelines() 则接受一个字符串列表，将其内容写入文件。例如：

```
# 打开文件并读取内容
file = open('example.txt', 'r')
content = file.read()  # 读取整个文件内容
print(content)
file.close()  # 操作完成后,不要忘记关闭文件
# 打开文件并写入内容
file = open('example.txt', 'w')
file.write('Hello, world!\n')  # 写入一行文本
file.writelines(['This is a test.\n', 'Python file operations are fun!\n'])  # 写入多行文本
file.close()  # 再次强调,使用完毕后关闭文件
```

三、文件指针

文件指针是文件读写操作中的一个重要概念。它指示了当前读写操作的位置。在默认情况下，文件指针会随着读写操作自动移动。但有时可能需要手动调整文件指针的位置，这时 seek() 和 tell() 方法就派上了用场。

（1）seek() 方法用于移动文件指针到指定的位置。它接受偏移量和参照位置两个参数，偏移量可以是正数或负数，表示向前或向后移动的字节数；参照位置可以是 0（文件开头）、1（当前位置）或 2（文件末尾）。

（2）tell() 方法返回当前文件指针的位置，这对于了解文件操作的当前位置非常有用。例如：

```
file = open('example.txt', 'r')
# 读取前两行
```

```
line1 = file.readline()
line2 = file.readline()
# 获取当前文件指针位置
position = file.tell()
print('当前文件指针位置:', position)
# 将文件指针移动到文件开头
file.seek(0)
# 再次读取前两行(验证文件指针重置)
line1_again = file.readline()
line2_again = file.readline()
# 完成操作后,关闭文件
file.close()
```

四、关闭文件

在文件操作的最后一步,我们需要关闭文件。关闭文件是一个良好的编程习惯,它可以释放文件占用的系统资源,避免潜在的内存泄漏。在简单的文件操作中,可以直接调用close()方法来关闭文件。然而,如果忘记关闭文件,尤其是在处理异常时,可能会导致资源未被正确释放。为了确保文件始终在操作完成后被关闭,Python提供了with语句,它能够创建一个上下文环境,在代码块执行完毕后自动关闭文件,即使发生异常也不例外。例如:

```
# 使用with语句自动管理文件上下文
with open('example.txt', 'r') as file:
    content = file.read()
    print(content)
# 文件在with语句块结束时自动关闭,无需显式调用close()方法
```

通过本节的学习,读者对Python中文件操作的基本概念和方法已经有了初步的了解。在接下来的内容中,我们将继续深入学习文件操作的异常处理机制,探讨如何处理文件路径,以及如何进行文件压缩和加密等高级操作。

第二节 目录操作

在Python编程中,熟练掌握文件系统的目录操作是至关重要的。这不仅能够帮助我们更好地组织文件,还能提高编写程序的效率和程序的可维护性。本节将详细介绍如何使用Python的os模块和os.path子模块来执行目录操作。

一、基本操作

(一) os.mkdir():创建目录

使用os.mkdir()可以在指定的路径下创建一个新的目录。如果目录已经存在,或者没

有足够的权限创建目录，将抛出 FileExistsError 或 PermissionError 异常。例如：

```
import  os
# 创建新目录
os.mkdir('new_directory')
```

（二）os.rmdir()：删除空目录

os.rmdir()用于删除一个空目录。如果目录非空或没有权限删除，将抛出 OSError 异常。例如：

```
# 删除空目录
os.rmdir('new_directory')
```

（三）os.remove()：删除文件

虽然 os.remove()主要用于删除文件，但它也是管理目录时的重要工具，用于删除目录中的文件。例如：

```
# 删除文件
os.remove('file.txt')
```

（四）os.rename()：重命名文件或目录

os.rename()可以用来重命名文件或目录。如果目标名称已存在或没有权限重命名，将抛出异常。例如：

```
# 重命名文件或目录
os.rename('old_name', 'new_name')
```

（五）os.path.exists()：判断文件或目录是否存在

os.path.exists()用于检查路径是否存在，返回布尔值。例如：

```
# 检查文件或目录是否存在
exists = os.path.exists('path/to/directory')
```

（六）os.walk()：遍历目录树

os.walk()用于递归遍历目录树，返回目录路径、子目录名列表和文件名列表。例如：

```
# 遍历目录树
for dirpath, dirnames, filenames in os.walk('some_directory'):
    print(fFound directory: {dirpath}')
    for filename in filenames:
        print(fFile inside: {filename}')
```

二、文件路径操作

（一）os.path.join()：拼接路径

os.path.join()将多个路径组件合并成一个路径。例如：

```
# 拼接路径
path = os.path.join('part1', 'part2', 'file.txt')
```

（二）os.path.split()：分割路径

os.path.split()将路径分割成目录名和文件名。例如：

```
# 分割路径
head, tail = os.path.split('/path/to/file.txt')
```

（三）os.path.dirname()：获取目录名

os.path.dirname()返回路径的目录名部分。例如：

```
# 获取目录名
dirname = os.path.dirname('/path/to/file.txt')
```

（四）os.path.basename()：获取文件名

os.path.basename()返回路径的文件名部分。例如：

```
# 获取文件名
basename = os.path.basename('/path/to/file.txt')
```

第三节　文件操作的异常处理

在文件操作过程中，可能会遇到各种异常情况，如文件不存在、权限不足、磁盘空间不足等。为了确保程序的稳定性和可靠性，需要使用异常处理机制来捕获和处理这些异常。Python提供了try-except块来捕获和处理异常，以避免程序崩溃。

一、使用 try-except 块捕获异常

在文件操作中，常见的异常类型包括IOError和OSError。IOError通常与输入输出操作相关，而OSError则涵盖了更广泛的系统级错误。通过使用try-except块，可以在执行文件操作时捕获这些异常，并进行相应的处理。

（一）基本用法

```
try:
    # 文件操作代码
    file = open('example.txt', 'r')
    content = file.read()
    file.close()
except IOError as e:
    print(f"文件操作错误: {e}")
except OSError as e:
    print(f"系统错误: {e}")
```

（二）捕获多种异常

在某些情况下，可能需要同时捕获多种异常类型。可以通过在except块中指定多个异常类型来实现这一点。例如：

```
try:
    # 文件操作代码
    file = open('example.txt', 'r')
    content = file.read()
    file.close()
except (IOError, OSError) as e:
    print(f"文件操作错误或系统错误: {e}")
```

（三）捕获所有异常

如果希望捕获所有可能的异常，可以使用Exception作为异常类型。例如：

```
try:
    # 文件操作代码
    file = open('example.txt', 'r')
    content = file.read()
    file.close()
except Exception as e:
    print(f"发生异常: {e}")
```

二、常见异常类型

在文件操作中，常见的异常类型包括以下几种：

（一）文件不存在

当尝试打开一个不存在的文件时，会抛出FileNotFoundError异常。例如：

```
try:
    file = open('nonexistent.txt', 'r')
except FileNotFoundError as e:
    print(f"文件不存在: {e}")
```

（二）权限不足

当尝试访问一个没有权限的文件时，会抛出PermissionError异常。例如：

```
try:
    file = open('/root/sensitive.txt', 'r')
except PermissionError as e:
    print(f"权限不足: {e}")
```

（三）磁盘空间不足

当磁盘空间不足时，可能会抛出OSError异常。例如：

```
try:
    file = open('largefile.txt', 'w')
    file.write('a' * (1024 ** 3))  # 尝试写入1GB的数据
except OSError as e:
```

```
    print(f"磁盘空间不足: {e}")
```

（四）文件已存在

在某些情况下，我们可能希望在文件已存在时抛出异常，这时可以使用 os.path.ex-ists()函数来检查文件是否存在。例如：

```
import os

filename = 'example.txt'
if os.path.exists(filename):
    raise FileExistsError(f"文件已存在: {filename}")
else:
    file = open(filename, 'w')
```

三、异常处理的最佳实践

（一）记录日志

在捕获异常时，建议将异常信息记录到日志中，以便后续分析和排查问题。例如：

```
import logging

logging.basicConfig(filename='app.log', level=logging.ERROR)

try:
    file = open('example.txt', 'r')
    content = file.read()
    file.close()
except IOError as e:
    logging.error(f"文件操作错误: {e}")
```

（二）提供友好的错误提示

在捕获异常时，可以提供友好的错误提示信息，以便帮助用户理解问题所在。例如：

```
try:
    file = open('example.txt', 'r')
    content = file.read()
    file.close()
except IOError as e:
    print("无法读取文件,请检查文件路径和权限。")
```

（三）使用 finally 块

在某些情况下，我们希望无论是否发生异常，都要执行一些清理操作（如关闭文件）。可以使用 finally 块来确保这些操作被执行。例如：

```
try:
    file = open('example.txt', 'r')
    content = file.read()
except IOError as e:
    print(f"文件操作错误: {e}")
finally:
    if 'file' in locals():
        file.close()
```

第四节　高级文件操作

在掌握了基本的文件操作技巧后，可以进一步探索一些高级的文件操作方法，如使用with语句简化文件管理、文件的压缩与解压缩、文件的加密与解密等。这些高级技巧将帮助用户在实际项目中更加灵活地处理文件，从而提升代码的可维护性和安全性。

一、with 语句

（一）自动关闭文件，简化代码

在文件操作中，确保文件在使用完毕后被正确关闭是非常重要的。使用with语句可以自动管理文件的打开和关闭，简化代码并减少资源泄露的风险。例如：

```
# 使用with语句自动管理文件上下文
with open('example.txt', 'r') as file:
    content = file.read()
    print(content)
# 文件在with语句块结束时自动关闭
```

（二）优势

（1）简化代码：无需手动调用close()方法，代码更加简洁。
（2）自动资源管理：确保文件在使用完毕后自动关闭，避免资源泄露。

二、文件压缩与解压缩

（一）zipfile 模块

zipfile模块提供了对ZIP文件的压缩和解压缩功能。通过该模块，可以轻松地创建、读取和解压缩ZIP文件。例如：

```
import zipfile

# 创建一个ZIP文件并添加文件
with zipfile.ZipFile('example.zip', 'w') as zipf:
    zipf.write('file1.txt')
```

```
    zipf.write('file2.txt')

# 解压缩 ZIP 文件
with zipfile.ZipFile('example.zip', 'r') as zipf:
    zipf.extractall('extracted_files')
```

（二）gzip 模块

gzip 模块提供了对 GZIP 文件的压缩和解压缩功能。GZIP 文件通常用于压缩单个文件。例如：

```
import gzip

# 压缩文件
with open('example.txt', 'rb') as f_in:
    with gzip.open('example.txt.gz', 'wb') as f_out:
        f_out.writelines(f_in)

# 解压缩文件
with gzip.open('example.txt.gz', 'rb') as f_in:
    with open('example_uncompressed.txt', 'wb') as f_out:
        f_out.writelines(f_in)
```

三、文件加密与解密

（一）使用 hashlib 模块进行哈希加密

hashlib 模块提供了多种哈希算法，如 MD5、SHA-1、SHA-256 等。哈希加密通常用于数据完整性校验和密码存储。例如：

```
import hashlib

# 计算文件的 MD5 哈希值
def compute_md5(filename):
    hash_md5 = hashlib.md5()
    with open(filename, 'rb') as f:
        for chunk in iter(lambda: f.read(4096), b""):
            hash_md5.update(chunk)
    return hash_md5.hexdigest()

md5_hash = compute_md5('example.txt')
print(f"MD5 哈希值: {md5_hash}")
```

（二）使用第三方库（如 cryptography）进行更高级的加密

cryptography 是一个功能强大的加密库，提供了对称加密、非对称加密、消息认证码

（MAC）等功能。例如：

```
from cryptography.fernet import Fernet

# 生成密钥
key = Fernet.generate_key()
cipher_suite = Fernet(key)

# 加密文件
with open('example.txt', 'rb') as f:
    plaintext = f.read()
    ciphertext = cipher_suite.encrypt(plaintext)

with open('example_encrypted.txt', 'wb') as f:
    f.write(ciphertext)

# 解密文件
with open('example_encrypted.txt', 'rb') as f:
    ciphertext = f.read()
    plaintext = cipher_suite.decrypt(ciphertext)

with open('example_decrypted.txt', 'wb') as f:
    f.write(plaintext)
```

第五节　文件操作的应用场景

　　文件操作在实际编程中有广泛的应用场景，涵盖了数据存储、配置文件管理、日志记录、数据备份等多个方面。通过合理使用文件操作技巧，可以高效地处理和管理各种数据，确保程序的稳定性和可靠性。

一、数据存储

（一）文本文件

　　文本文件是最常见的数据存储方式之一。通过读写文本文件，可以方便地存储和读取字符串数据。例如：

```
# 写入文本文件
with open('data.txt', 'w') as file:
    file.write('Hello, world!\n')
    file.write('This is a test.\n')
```

```
# 读取文本文件
with open('data.txt', 'r') as file:
    content = file.read()
    print(content)
```

（二）CSV 文件

CSV 文件是一种常见的数据存储格式，适用于存储表格数据。Python 的 csv 模块提供了方便的读写 CSV 文件的功能。例如：

```
import csv

# 写入 CSV 文件
with open('data.csv', 'w', newline='') as file:
    writer = csv.writer(file)
    writer.writerow(['Name', 'Age', 'City'])
    writer.writerow(['Alice', 30, 'New York'])
    writer.writerow(['Bob', 25, 'Los Angeles'])

# 读取 CSV 文件
with open('data.csv', 'r') as file:
    reader = csv.reader(file)
    for row in reader:
        print(row)
```

（三）JSON 文件

JSON 文件是一种轻量级的数据交换格式，广泛用于 Web 应用中。Python 的 json 模块提供了方便的读写 JSON 文件的功能。例如：

```
import json

# 写入 JSON 文件
data = {
    'name': 'Alice',
    'age': 30,
    'city': 'New York'
}
with open('data.json', 'w') as file:
    json.dump(data, file)

# 读取 JSON 文件
with open('data.json', 'r') as file:
```

```
    data = json.load(file)
    print(data)
```

二、配置文件

（一）ini文件

ini文件是一种常见的配置文件格式，适用于存储简单的键值对配置。Python的configparser模块提供了读写ini文件的功能。例如：

```python
import configparser

# 写入ini文件
config = configparser.ConfigParser()
config['DEFAULT'] = {'ServerAliveInterval': '45', 'Compression': 'yes'}
config['bitbucket.org'] = {}
config['bitbucket.org']['User'] = 'hg'
with open('example.ini', 'w') as configfile:
    config.write(configfile)

# 读取ini文件
config.read('example.ini')
print(config['bitbucket.org']['User'])
```

（二）yaml文件

yaml文件是一种非常灵活的配置文件格式，适用于存储复杂的数据结构。Python的pyyaml模块提供了读写yaml文件的功能。

```python
import yaml

# 写入yaml文件
data = {
    'name': 'Alice',
    'age': 30,
    'city': 'New York'
}
with open('data.yaml', 'w') as file:
    yaml.dump(data, file)

# 读取yaml文件
with open('data.yaml', 'r') as file:
    data = yaml.safe_load(file)
    print(data)
```

三、日志记录

日志记录是程序开发中非常重要的一部分，用于记录程序运行过程中的信息，以便于调试和排查问题。Python 的 logging 模块提供了强大的日志记录功能。例如：

```
import logging

# 配置日志记录
logging.basicConfig(filename='app.log', level=logging.INFO)

# 记录日志
logging.info('This is an info message')
logging.warning('This is a warning message')
logging.error('This is an error message')
```

四、数据备份

数据备份是确保数据安全的重要手段。通过定期备份数据，可以在数据丢失或损坏时恢复数据。例如：

```
import shutil

# 备份文件
shutil.copy('data.txt', 'data_backup.txt')

# 备份目录
shutil.copytree('data_dir', 'data_backup_dir')
```

本章小结

通过本章的学习，你已经掌握了 Python 中文件操作的基本概念和方法，能够熟练地进行文件的读写、创建、删除、重命名等操作。你深入理解了文件路径、文件模式、文件指针等概念，并学会了文件操作的异常处理机制。此外，你还了解了文件操作的高级技巧，如文件压缩、加密等。

练习题

1. 编写一个程序，将一个文本文件中的所有单词按字母顺序排序后写入另一个文件中。
2. 编写一个程序，统计一个目录下所有文件的总大小。
3. 编写一个程序，将一个文件夹下的所有文件压缩成一个 ZIP 文件。
4. 编写一个程序，实现简单的加密和解密功能，将文本文件加密后保存。

第八章　面向对象编程

📖 **学习目标**

（1）理解面向对象编程的核心概念。

（2）掌握类的继承与多态性。

（3）掌握类与对象的高级特性。

　　面向对象编程（object-oriented programming，OOP）是一种强大的编程范式，它把数据和操作数据的方法封装在一起而形成对象，从而使代码更加模块化，并可重用和易于维护。在面向对象编程中，类（class）是对象的蓝图，定义了对象的属性和行为，而对象（object）则是类的实例，具有具体的属性和行为。

　　面向对象编程的核心思想包括封装（encapsulation）、继承（inheritance）和多态（polymorphism）。封装是将数据和方法封装在类中，隐藏其内部实现细节，提供对外接口，以增强代码的安全性和可维护性。继承是允许一个类继承另一个类的属性和方法，可实现代码的重用和扩展。多态允许不同类的对象对同一消息做出不同的响应，从而增强代码的灵活性和扩展性。

　　与传统的面向过程编程相比，面向对象编程是更加贴近现实世界的建模方式，能够更好地应对复杂系统的开发需求。Python作为一种支持面向对象编程的高级编程语言，提供了丰富的语法和工具，使得开发者能够轻松地设计和实现面向对象的程序。

　　本章介绍了面向对象编程的核心概念，包括类的定义与实例化、对象属性的设置与管理、封装与私有成员、类的继承与多态等。

第一节　类与对象

一、类的定义与实例化

（一）类的基本结构

　　在Python中，定义一个类的基本语法是使用class关键字，后跟类名。类名通常采用大写字母开头的驼峰命名法，以便于与变量区分。类的基本结构包括类的属性和方法。

属性通常用于存储对象的状态，而方法则定义对象的行为。

以下是一个简单的类定义示例：

```python
class Student:
    # 类属性
    school_name = "ABC School"

    # 构造函数
    def __init__(self, name, age):
        self.name = name    # 实例属性
        self.age = age      # 实例属性

    # 方法
    def display_info(self):
        print(f"Name: {self.name}, Age: {self.age}, School: {self.school_name}")
```

在上面的示例中，Student类定义了一个类属性school_name，用于表示学生所在的学校。同时，它还定义了两个实例属性name和age，这些属性在对象实例化时被初始化。display_info方法用于输出学生的信息。

（二）实例化对象

实例化对象是指根据类的定义创建一个具体的对象。在Python中，通过调用类名并传入必要的参数来实例化对象。实例化后的对象可以通过点操作符访问类的属性和方法。

以下是如何实例化一个Student对象的示例：

```python
student1 = Student("Alice", 20)
student2 = Student("Bob", 22)

# 调用方法
student1.display_info()  # 输出: Name: Alice, Age: 20, School: ABC School
student2.display_info()  # 输出: Name: Bob, Age: 22, School: ABC School
```

在上述示例中，student1和student2是Student类的两个实例。我们可以通过调用display_info方法来输出每个学生的信息。

二、对象属性的设置与管理

（一）默认值设置

在定义类时，可以为属性设置默认值，这样在实例化对象时，如果没有提供相应的值，属性将使用默认值。这在某些情况下非常有用，可以提高代码的灵活性。例如：

```python
class Student:
    school_name = "ABC School"
```

```
    def __init__(self, name, age=18):  # 设置默认年龄
        self.name = name
        self.age = age
```

```
# 实例化对象时不提供年龄
student3 = Student("Charlie")
student3.display_info()  # 输出: Name: Charlie, Age: 18, School: ABC School
```

在这个示例中，如果在实例化时没有提供年龄，age 属性将默认设置为 18。

（二）属性的访问

Python 允许通过点操作符访问对象的属性。这种方式使得对象的状态易于管理和更新。例如：

```
student1.age = 21  # 修改属性
print(student1.age)  # 输出: 21
```

通过这种方式，我们可以轻松地读取和修改对象的属性。

（三）添加、修改和删除属性

Python 的灵活性使我们可以动态地添加、修改和删除对象的属性。这种特性使得对象的使用更加灵活。例如：

```
student1.grade = 'A'  # 动态添加新属性
print(student1.grade)  # 输出: A

student1.age = 22  # 修改已有属性
print(student1.age)  # 输出: 22

del student1.grade  # 删除属性
print(student1.grade)  # 会抛出 AttributeError
```

通过使用 del 关键字，可以删除对象的属性，使得对象管理更加有效。

三、封装与私有成员

（一）封装的意义

封装是面向对象编程的一个重要概念，它将数据（属性）和行为（方法）结合在一起，并提供了一个控制访问的机制。通过封装，类的内部状态可以被保护，从而避免外部对其直接访问和修改，这有助于确保数据的完整性。

例如，我们可以将学生的年龄属性设为私有，以限制对其直接访问：

```
class Student:
    def __init__(self, name, age):
        self.name = name
        self.__age = age  # 私有属性
```

```
    def get_age(self):  # 公开方法访问私有属性
        return self.__age

student1 = Student("Alice", 20)
print(student1.get_age())  # 输出: 20
# print(student1.__age)  # 会抛出 AttributeError
```

在上述示例中，__age 属性是私有的，不能被外部直接访问，但可以通过 get_age 方法来间接访问它。

（二）私有属性

以双下划线开头的属性表示私有属性，这些属性只能在类的内部访问。Python 通过名称重整（name mangling）来实现这一点，从而防止外部访问。例如：

```
class Student:
    def __init__(self, name):
        self.__name = name  # 私有属性

    def display_name(self):
        print(f"Name: {self.__name}")

student1 = Student("Alice")
student1.display_name()  # 输出: Name: Alice
# print(student1.__name)  # 会抛出 AttributeError
```

通过这种方式，可以有效地保护类的内部状态。

（三）私有方法

除了私有属性，类还可以定义私有方法，这些方法同样只能在类内部调用。私有方法通常用于实现类内部的某些辅助功能，这些功能不希望被外部访问。例如：

```
class Student:
    def __init__(self, name):
        self.__name = name

    def __private_method(self):
        print("This is a private method.")

    def display_info(self):
        self.__private_method()  # 调用私有方法
        print(f"Name: {self.__name}")

student1 = Student("Alice")
```

```
student1.display_info()  # 输出: This is a private method. Name: Alice
# student1.__private_method()  # 会抛出 AttributeError
```

私有方法在实现类的细节时非常有用，它有助于保持代码的清晰和可维护性。

四、特殊方法

Python 中的特殊方法（又称魔法方法）是以双下划线开头和结尾的方法，用于实现特定的功能。这些方法使得对象能够支持内置操作符和函数。

（一）构造函数

构造函数 __init__ 是类的初始化方法，在创建对象时可被自动调用。它用于初始化对象的属性。例如：

```
class Student:
    def __init__(self, name, age):
        self.name = name
        self.age = age


student1 = Student("Alice", 20)
print(student1.name)  # 输出: Alice
```

在这个示例中，__init__ 方法接收参数并将它们赋值给实例属性。

（二）析构函数

析构函数 __del__ 在对象被销毁时被自动调用。它通常用于清理资源，例如关闭文件或网络连接。例如：

```
class Student:
    def __init__(self, name):
        self.name = name


    def __del__(self):
        print(f"{self.name} is being deleted.")


student1 = Student("Alice")
del student1  # 输出: Alice is being deleted.
```

在上述示例中，当 student1 被删除时，__del__ 方法被调用，输出相应的提示信息。

（三）字符串表示

__str__ 方法用于定义对象的字符串表示形式，从而在打印对象时可以得到有意义的信息。

```
class Student:
    def __init__(self, name, age):
        self.name = name
```

```
        self.age = age

    def __str__(self):
        return f"Student(Name: {self.name}, Age: {self.age})"

student1 = Student("Alice", 20)
print(student1)   # 输出: Student(Name: Alice, Age: 20)
```

通过__str__方法，当打印 student1 对象时，返回自定义的字符串表示，而不是默认的内存地址。

第二节　类的继承与多态

一、类的继承

（一）继承的基本概念

继承是面向对象编程的一项核心特性，它允许一个类（称为子类或派生类）继承另一个类（称为父类或基类）的属性和方法。通过继承，子类可以重用父类的代码，而无需重复编写相同的逻辑代码。这样不仅提高了代码的重用性，也使得系统的扩展和维护变得更加容易。

在 Python 中，继承的基本语法是将父类作为参数传递给子类。子类可以访问和使用父类的所有公共属性和方法，也可以根据需要覆盖父类的方法。例如：

```
class Animal:   # 父类
    def speak(self):
        return "Animal speaks"

class Dog(Animal):   # 子类
    def speak(self):
        return "Woof!"

dog = Dog()
print(dog.speak())   # 输出: Woof!
```

在上述示例中，Dog类继承了 Animal类，并覆盖了 speak 方法。调用 dog.speak()时返回的是子类定义的方法。

（二）简单的继承例子

为了更好地理解继承，举例展示如何通过继承构建一个简单的动物分类系统：

```
class Animal:   # 父类
    def __init__(self, name):
```

```
        self.name = name

    def speak(self):
        return "Animal speaks"

class Dog(Animal):  # 子类
    def speak(self):
        return "Woof!"

class Cat(Animal):  # 另一个子类
    def speak(self):
        return "Meow!"

dog = Dog("Buddy")
cat = Cat("Whiskers")

print(f"{dog.name}: {dog.speak()}")  # 输出: Buddy: Woof!
print(f"{cat.name}: {cat.speak()}")  # 输出: Whiskers: Meow!
```

在这个示例中，Animal是一个基类，Dog和Cat是两个派生类。每个子类都实现了自己的speak方法，从而展示了多态性。

二、子类与父类的交互

（一）子类方法对父类方法的覆盖

子类可以覆盖父类的方法，从而改变其行为，这种特性称为方法重写（overriding）。子类可以定义与父类相同名称的方法，当通过子类实例调用该方法时，实际执行的是子类的实现。例如：

```
class Vehicle:  # 父类
    def start(self):
        return "Vehicle is starting"

class Car(Vehicle):  # 子类
    def start(self):
        return "Car is starting"

car = Car()
print(car.start())  # 输出: Car is starting
```

在这个例子中，Car类覆盖了Vehicle类的start方法。通过这种方式，子类可以提供特定于其行为的实现。

（二）在子类方法中调用父类的同名方法

在子类中，如果希望调用父类的同名方法，可以使用super()函数。super()函数返回父类的一个实例，允许子类访问父类的方法和属性。例如：

```python
class Vehicle:  # 父类
    def start(self):
        return "Vehicle is starting"


class Car(Vehicle):  # 子类
    def start(self):
        parent_message = super().start()  # 调用父类的方法
        return f"{parent_message} and Car is ready to go!"


car = Car()
print(car.start())  # 输出: Vehicle is starting and Car is ready to go!
```

在这个示例中，Car类的start方法调用了Vehicle类的start方法，并扩展了其返回的信息。

三、多态性

（一）多态性的概念

多态性是面向对象编程中的一个重要特性，它指的是不同类的对象可以以相同的方式响应同一消息。换句话说，通过多态，程序可以处理不同类型的对象，而无需知道它们的具体类型。

多态性使得代码更加灵活，因为可以使用父类类型的引用来指向子类对象，从而实现不同的行为。

（二）多态性的实现与用途

多态性通常通过方法重写实现。在Python中，可以通过父类类型的变量来引用子类对象，从而调用子类的方法。例如：

```python
class Shape:  # 父类
    def area(self):
        pass  # 具体实现留给子类


class Rectangle(Shape):  # 子类
    def __init__(self, width, height):
        self.width = width
        self.height = height


    def area(self):
```

```
        return self.width * self.height

class Circle(Shape):  # 另一个子类
    def __init__(self, radius):
        self.radius = radius

    def area(self):
        return 3.14 * self.radius ** 2

shapes = [Rectangle(2, 3), Circle(5)]  # 包含不同形状的列表

for shape in shapes:
    print(f"Area: {shape.area()}")
```

在这个示例中，Shape是一个抽象类，Rectangle和Circle是其子类。我们创建了一个包含不同形状的列表，并通过循环调用area()方法。尽管shapes列表中的对象是不同的类型，但它们都以相同的方式响应area()消息。

四、多继承

Python支持多继承，意味着一个子类可以继承多个父类。这种特性使得类的设计更加灵活，但也给编程带来了潜在的复杂性，尤其是在处理方法解析顺序时。

（一）多继承的基本用法

以下是一个简单的多继承示例：

```
class A:
    def method_a(self):
        return "Method A"

class B:
    def method_b(self):
        return "Method B"

class C(A, B):  # 多继承
    def method_c(self):
        return "Method C"

obj = C()
print(obj.method_a())   # 输出: Method A
print(obj.method_b())   # 输出: Method B
print(obj.method_c())   # 输出: Method C
```

在这个示例中，类C同时继承了类A和类B，从而拥有了它们的方法。

（二）方法解析顺序（MRO）

在多继承中，Python使用一种称为C3线性化的算法来确定方法解析顺序（method resolution order，MRO），以解决潜在的命名冲突。例如：

```python
class A:
    def method(self):
        return "A"

class B(A):
    def method(self):
        return "B"

class C(A):
    def method(self):
        return "C"

class D(B, C):  # 多继承
    pass

obj = D()
print(obj.method())  # 输出: B
```

在这个示例中，类D继承自类B和类C。根据MRO，类B的方法优先于类C，所以调用obj.method()时返回类B的方法。

五、方法重载

方法重载是指在同一个类中，可以定义多个同名的方法，但它们的参数列表不同。Python不支持严格意义上的方法重载，但可以通过默认参数或可变参数实现类似的功能。

（一）使用默认参数

例如：

```python
class MathOperations:
    def add(self, a, b, c=0):  # 使用默认参数
        return a + b + c

math_op = MathOperations()
print(math_op.add(2, 3))        # 输出: 5
print(math_op.add(2, 3, 4))     # 输出: 9
```

在这个示例中，add方法使用了一个默认参数c，从而实现了类似方法重载的功能。

（二）使用可变参数

例如：

```
class MathOperations:
    def add(self, *args):  # 使用可变参数
        return sum(args)


math_op = MathOperations()
print(math_op.add(1, 2))            # 输出: 3
print(math_op.add(1, 2, 3, 4, 5))   # 输出: 15
```

通过使用可变参数，add 方法可以接受任意数量的参数，从而实现更大的灵活性。

第三节　类与对象的高级特性

在面向对象编程中，类与对象包含了许多高级特性，这些特性使得编程更加灵活和高效。本节将介绍类属性与实例属性、类方法与静态方法、抽象类与接口等高级特性，帮助读者深入理解 Python 中的面向对象编程。

一、类属性和实例属性

在 Python 中，类属性和实例属性是对象模型的两个重要组成部分。理解它们的定义、用途和区别，对于设计高效、可维护的类结构至关重要。

（一）类属性的定义与用途

类属性是属于类本身的属性，而不是某个具体实例的属性。类属性在所有实例之间共享，这意味着如果修改类属性，所有实例的该属性值都会受到影响。

类属性通常在类体内定义，直接使用类名来访问。例如：

```
class Dog:
    species = "Canine"  # 类属性

    def __init__(self, name):
        self.name = name  # 实例属性


dog1 = Dog("Buddy")
dog2 = Dog("Charlie")


print(dog1.species)  # 输出: Canine
print(dog2.species)  # 输出: Canine
```

在上述示例中，species 是一个类属性，所有 Dog 类的实例都共享这个属性。

（二）实例属性的定义与用途

实例属性是属于特定对象（实例）的属性。每个实例都可以有不同的属性值，这些值是在实例化对象时通过构造函数初始化的。

实例属性通常在__init__方法中定义，使用self关键字引用。例如：

```
class Dog:
    def __init__(self, name, age):
        self.name = name    # 实例属性
        self.age = age       # 实例属性


dog1 = Dog("Buddy", 5)
dog2 = Dog("Charlie", 3)


print(dog1.name)   # 输出: Buddy
print(dog2.age)    # 输出: 3
```

在这个示例中，name和age是实例属性，每个Dog实例都有自己的属性值。

（三）实例属性与类属性的区别

（1）存储位置：类属性存储在类对象中，而实例属性存储在实例对象中。

（2）共享性：类属性在所有实例之间共享，而实例属性是各个实例独有的。

（3）修改方式：修改类属性会影响所有实例，而修改实例属性只会影响特定的实例。例如：

```
class Dog:
    species = "Canine"   # 类属性

    def __init__(self, name, age):
        self.name = name    # 实例属性
        self.age = age       # 实例属性


dog1 = Dog("Buddy", 5)
dog2 = Dog("Charlie", 3)


print(Dog.species)   # 输出: Canine
dog1.species = "Canis"   # 试图修改实例的类属性

print(dog1.species)   # 输出: Canis(仅影响dog1的视图)
print(dog2.species)   # 输出: Canine(不受影响)
```

在这个示例中，修改dog1.species只会影响dog1的视图，而dog2依然保持Canine。

二、类方法和静态方法

在 Python 中,类方法和静态方法提供了更加灵活的方式来处理类的行为。虽然它们都与类相关,但在使用时却有不同的语义。

(一)类方法的定义与用途

类方法是绑定到类而非实例的方法,使用@classmethod装饰器定义。类方法的第一个参数是cls,它代表类本身。

1.定义类方法的方式

```python
class Dog:
    species = "Canine"

    def __init__(self, name):
        self.name = name

    @classmethod
    def get_species(cls):
        return cls.species

print(Dog.get_species())    # 输出: Canine
```

2.类方法的用途

(1)访问或修改类属性。

(2)提供工厂方法(创建类实例的另一种方式)。

(二)静态方法的定义与用途

静态方法是与类相关但不需要访问类属性或实例属性的方法,使用@staticmethod装饰器定义。静态方法没有特定的第一个参数。

1.定义静态方法的方式

```python
class Dog:
    species = "Canine"

    def __init__(self, name):
        self.name = name

    @staticmethod
    def bark():
        return "Woof!"

print(Dog.bark())    # 输出: Woof!
```

2.静态方法的用途

（1）作为类内部的实用工具方法，与类的逻辑相对独立。

（2）不需要对类状态或实例状态进行访问。

（三）类方法与静态方法的区别

（1）参数：类方法接收cls参数，静态方法没有默认参数。

（2）访问性：类方法可以访问类属性和方法，而静态方法不能访问类属性和方法。

（3）用途：类方法通常用于与类的状态或行为相关的操作，静态方法用于与类的逻辑相关但不依赖于类状态的操作。

三、抽象类和接口

抽象类和接口是设计模式中的重要概念，用于定义类的规范和接口，确保子类遵循一定的行为。

（一）抽象类的定义与用途

抽象类是一个不能被实例化的类，它可以包含抽象方法（没有实现的方法）和具体方法（有实现的方法）。抽象类通常用于定义通用接口，子类必须实现抽象方法。

1.定义抽象类的方式

在Python中，可以使用abc模块中的ABC类和abstractmethod装饰器来定义抽象类和抽象方法。例如：

```python
from abc import ABC, abstractmethod

class Animal(ABC):  # 抽象类
    @abstractmethod
    def speak(self):  # 抽象方法
        pass

class Dog(Animal):  # 具体类
    def speak(self):
        return "Woof!"

class Cat(Animal):  # 另一个具体类
    def speak(self):
        return "Meow!"

# animal = Animal()  # 不能实例化抽象类
dog = Dog()
cat = Cat()

print(dog.speak())  # 输出: Woof!
```

print(cat.speak()) # 输出: Meow!

2.抽象类的用途

（1）定义统一的接口，确保所有子类实现某些特定的方法。

（2）实现代码的复用，抽象类可以包含具体的方法供子类调用。

（二）接口的定义与用途

在 Python 中，没有明确的"接口"关键字，但可以使用抽象类来实现接口的功能。接口是一组方法的集合，定义了对象的行为。

1.定义接口的方式

与抽象类类似，可以创建一个只包含抽象方法的类，以此作为接口。例如：

```python
class Shape(ABC):  # 接口
    @abstractmethod
    def area(self):
        pass


class Rectangle(Shape):  # 实现接口
    def __init__(self, width, height):
        self.width = width
        self.height = height

    def area(self):
        return self.width * self.height


class Circle(Shape):  # 实现接口
    def __init__(self, radius):
        self.radius = radius

    def area(self):
        return 3.14 * self.radius ** 2
```

2.接口的用途

（1）强制实现特定方法，确保类遵循某种行为。

（2）提供可互换的对象，使得代码更具灵活性。

（三）抽象类与接口的区别

（1）实例化：抽象类可以包含实现并可以实例化，而接口通常只包含方法声明。

（2）实现：一个类可以继承多个接口，但只能继承一个抽象类。

（3）目的：抽象类主要用于共享代码，而接口主要用于定义行为规范。

本章小结

本章介绍了面向对象编程的核心概念，包括类与对象的基本定义、继承与多态的实现、高级特性（如类属性、实例属性、类方法、静态方法、抽象类与接口）等。这些概念为我们理解和使用Python编程语言提供了重要的基础。

面向对象编程作为一种程序设计思想，其核心在于将现实世界中的事物抽象为对象，利用类的结构将数据和方法封装在一起。这种方式使得编程更加贴近实际场景，能够更有效地处理复杂系统中的各种关系和行为。面向对象编程的三个主要特征——封装、继承和多态——共同促进了代码的重用性和可维护性。

练习题

1. 选择题

（1）在 Python 中，使用哪个关键字定义类？ （　　）

A. def　　　　　　　　B. class　　　　　　　C. object　　　　　　　D. instance

（2）以下关于实例属性和类属性的说法，哪个是正确的？ （　　）

A. 实例属性在所有实例之间共享

B. 类属性属于特定实例

C. 实例属性是在实例化时定义的

D. 类属性只能在构造函数中定义

（3）使用@staticmethod装饰器的目的是什么？ （　　）

A. 使方法能够访问实例属性

B. 使方法能够访问类属性

C. 使方法与类状态无关

D. 使方法成为抽象方法

（4）以下哪项不是面向对象编程的特征？ （　　）

A. 封装　　　　　　　B. 继承　　　　　　　C. 过程化编程　　　　　D. 多态

2. 填空题

（1）在 Python 中，使用 ＿＿＿＿ 关键字定义抽象类。

（2）类方法的第一个参数通常是 ＿＿＿＿。

（3）实例属性的值是 ＿＿＿＿ 对象的特有值。

（4）抽象类中的方法必须使用 ＿＿＿＿ 装饰器来声明为抽象方法。

3. 简答题

（1）解释什么是类属性和实例属性，并举例说明它们的区别。

（2）面向对象编程中的多态性如何提高代码的灵活性？请举例说明。

（3）简述抽象类与接口的区别和各自的用途。

4. 实践题

（1）编写一个Vehicle类，包含类属性category、实例属性make和model，并实现一个类方法get_category()返回类属性。

（2）创建一个Car类和一个Truck类，它们都继承自Vehicle类，并实现各自的specif-ics()方法，输出不同的车辆特性。

（3）定义一个接口Playable，要求实现play()方法；然后实现一个Music类和一个Video类，使它们都遵循Playable接口，并在play()方法中实现各自的播放逻辑。

第九章　图形用户界面

学习目标

（1）理解图形用户界面（GUI）的基本概念。
（2）掌握 Tkinter 的基础知识。
（3）掌握 Tkinter 的常用组件。
（4）掌握 Tkinter 的高级特性。
（5）应用 Tkinter 进行实际项目开发。

第一节　GUI概述

在现代计算机应用中，图形用户界面（graphical user interface，GUI）是用户与程序交互的重要桥梁。相比传统的命令行界面，GUI通过直观的图形元素和操作，使用户能够更方便地使用软件。Python作为一种灵活且易于学习的编程语言，提供了多种库/框架用于 GUI开发。本章将介绍Python的标准GUI库——Tkinter，探讨其使用方法、优缺点以及事件驱动编程的概念。

一、GUI的概念

GUI是用户通过视觉元素与计算机程序进行交互的界面。用户通过点击图标、拖动窗口等方式来操作程序，这种交互方式相较于文本命令更加直观。例如，用户可以通过点击"文件"菜单访问文件操作，而不需要记住复杂的命令行指令。

二、Python GUI开发工具的比较

Python中有多种GUI开发工具，包括Tkinter、PyQt、wxPython等。每种工具都有其独特的特点和适用场景：
（1）Tkinter：内置于Python标准库中，轻量级且易于使用，适合初学者。
（2）PyQt：功能强大，支持跨平台开发，适合需要复杂界面的应用。
（3）wxPython：与本地操作系统外观一致，适合需要本地化体验的应用。

第二节　Tkinter 基础

Tkinter 作为 Python 的标准 GUI 库，提供了创建图形用户界面的基本工具和功能。本节将介绍如何使用 Tkinter 创建简单的窗口、组件及其布局，并处理用户事件。

一、第一个 Tkinter 窗口

创建一个 Tkinter 窗口非常简单。例如：

```
import  tkinter  as  tk

# 创建主窗口
root  =  tk.Tk()
root.title("我的第一个 Tkinter 窗口")
root.geometry("400x300")   # 设置窗口大小

# 进入主循环
root.mainloop()
```

在这个示例中，导入了 Tkinter 库，创建了一个主窗口，并设置了窗口标题和窗口大小。mainloop() 方法启动事件循环，保持窗口可见并响应用户操作。

二、组件的创建和布局

Tkinter 提供了多种组件（widget）用于构建用户界面。例如：

```
label  =  tk.Label(root, text="欢迎使用 Tkinter！")
label.pack()   # 使用 pack 布局管理器

button  =  tk.Button(root, text="点击我", command=lambda: print("按钮被点击了！"))
button.pack()
```

在上述示例中，创建了一个标签和一个按钮，并使用 pack() 布局管理器将它们添加到主窗口。

三、事件处理

事件处理是 Tkinter 中的重要概念。它通过绑定事件和事件处理函数，实现程序对用户输入的响应。

（一）绑定事件

可以通过 bind() 方法将特定事件与处理函数关联。以下是一个示例，展示如何绑定鼠标点击事件：

```
def  on_click(event):
```

```
        print("鼠标点击位置:", event.x, event.y)

root.bind("<Button-1>", on_click)   # 绑定鼠标左键点击事件
```

（二）事件类型

Tkinter支持多种事件类型，包括：

（1）<Button-1>：鼠标左键点击。

（2）<Button-2>：鼠标中键点击。

（3）<Button-3>：鼠标右键点击。

（4）<Key>：键盘按键。

四、布局管理器

布局管理器用于控制组件在窗口中的位置和大小。Tkinter提供了三种主要布局管理器：pack、grid和place。

（一）pack布局

pack()布局是最简单的布局管理器，它能按照添加顺序将组件堆叠在一起，可以设置组件的对齐方式和填充方式。例如：

```
label1 = tk.Label(root, text="标签1")
label1.pack(side=tk.TOP, fill=tk.X)   # 在顶部显示并填充宽度

label2 = tk.Label(root, text="标签2")
label2.pack(side=tk.BOTTOM, fill=tk.X)   # 在底部显示并填充宽度
```

（二）grid布局

grid()布局允许以网格的方式组织组件，可以指定行和列的索引。例如：

```
label1 = tk.Label(root, text="姓名")
label1.grid(row=0, column=0)   # 在第0行第0列

entry = tk.Entry(root)
entry.grid(row=0, column=1)   # 在第0行第1列
```

（三）place布局

place()布局允许精确控制组件的位置和大小，通过坐标指定位置。例如：

```
label = tk.Label(root, text="放置在特定位置")
label.place(x=50, y=50)   # 放置在(50, 50)位置
```

第三节   常用组件

在Tkinter中，组件是构建GUI的基本元素。通过组合不同的组件，可以创建出丰富

多彩的应用程序界面。本节将介绍 Tkinter 中常用的组件，包括 Label、Entry、Button、Listbox、Canvas 等，并说明它们的创建、属性设置及使用方法。

一、Label 组件

Label 组件是用于显示文本或图像的简单组件，通常用于提供信息或说明。

（一）创建 Label 组件

例如：

```
import tkinter as tk

root = tk.Tk()
label = tk.Label(root, text="Hello, Tkinter!")
label.pack()
root.mainloop()
```

在这个示例中，创建了一个 Label 组件，并在主窗口中显示了文本"Hello, Tkinter!"。Label 组件使用 pack() 方法进行布局。

（二）设置 Label 属性

Label 组件有许多可配置的属性，例如字体、颜色、对齐方式等。例如：

```
label = tk.Label(root, text="Welcome to Tkinter!", font=("Arial", 16), fg="blue", bg="yellow")
label.pack(pady=10)
```

在这个示例中，设置了 Label 的字体为 Arial，大小为 16 磅，前景色为蓝色，背景色为黄色。同时，pady=10 参数实现了在 Label 的上下添加了 10 像素的间距。

二、Entry 组件

（一）创建 Entry 组件

Entry 组件是用于接收单行文本输入的组件。可以通过以下代码创建一个 Entry 组件：

```
entry = tk.Entry(root)
entry.pack(pady=10)
```

这个示例创建了一个 Entry 组件，用户可以在其中输入文本。

（二）获取和设置 Entry 内容

可以使用 get() 方法获取 Entry 中输入的内容，使用 insert() 方法设置内容。例如：

```
entry.insert(0, "请输入内容")  # 在第一个位置插入默认文本
content = entry.get()  # 获取用户输入的内容
print(content)
```

在这个示例中，在 Entry 中插入了默认文本"请输入内容"，并在后续获取用户输入的内容并打印。

三、Button 组件

（一）创建 Button 组件

Button 组件用于创建按钮，可以触发事件处理函数。例如：

```
def on_button_click():
    print("按钮被点击了！")


button = tk.Button(root, text="点击我", command=on_button_click)
button.pack(pady=10)
```

在这个示例中，定义了一个按钮，当用户点击按钮时，会调用 on_button_click 函数并打印信息。

（二）设置 Button 属性

Button 组件支持多种属性设置，例如字体、颜色、大小等。例如：

```
button = tk.Button(root, text="确认", font=("Arial", 14), fg="white", bg="green")
button.pack(pady=10)
```

在这个示例中，设置了按钮的字体为 Arial，大小为 14 磅，前景色为白色，背景色为绿色。

四、Listbox 组件

（一）创建 Listbox 组件

Listbox 组件用于显示多个选项，用户可以从中选择一项或多项。例如：

```
listbox = tk.Listbox(root)
listbox.pack(pady=10)
```

这个示例创建了一个空的 Listbox，用户可以添加选项。

（二）添加和删除 Listbox 项

可以使用 insert() 方法向 Listbox 添加项，使用 delete() 方法删除选中的项。例如：

```
listbox.insert(1, "选项1")   # 在位置1插入"选项1"
listbox.insert(2, "选项2")   # 在位置2插入"选项2"


# 删除选中的项
def delete_selected():
    try:
        index = listbox.curselection()[0]   # 获取选中项的索引
        listbox.delete(index)   # 删除选中项
    except IndexError:
        print("没有选中任何项")
```

```
delete_button = tk.Button(root, text="删除选中项", command=delete_selected)
delete_button.pack(pady=10)
```

在这个示例中，向Listbox添加了两个选项，并定义了一个删除按钮用于删除用户选中的项。

五、Canvas组件

（一）创建Canvas组件

Canvas组件用于绘制图形和图像，支持多种绘图操作。例如：

```
canvas = tk.Canvas(root, width=300, height=200, bg="white")
canvas.pack(pady=10)
```

这个示例创建了一个白色背景的Canvas，大小为300像素×200像素。

（二）绘制图形

可以使用Canvas的多种方法绘制形状，如直线、矩形、圆形等。例如：

```
# 绘制矩形
canvas.create_rectangle(50, 50, 150, 100, fill="blue")

# 绘制圆
canvas.create_oval(200, 50, 250, 100, fill="red")

# 绘制直线
canvas.create_line(0, 0, 300, 200, fill="green", width=2)
```

在这个示例中，用Canvas绘制了一个蓝色矩形、一个红色圆和一条绿色直线。

六、其他组件

（一）Menu组件

Menu组件用于创建菜单条，可以包含多个菜单和菜单项。例如：

```
menu = tk.Menu(root)
root.config(menu=menu)   # 将菜单设置为主窗口的菜单

file_menu = tk.Menu(menu)
menu.add_cascade(label="文件", menu=file_menu)
file_menu.add_command(label="新建", command=lambda: print("新建文件"))
file_menu.add_command(label="退出", command=root.quit)
```

在这个示例中，创建了一个菜单条，包含"文件"菜单和两个菜单项（"新建"和"退出"）。

（二）Scrollbar组件

Scrollbar组件用于为长内容提供滚动条。它可以与其他组件一起使用，例如Listbox

或 Text 组件。例如：

```
scrollbar = tk.Scrollbar(root)
scrollbar.pack(side=tk.RIGHT, fill=tk.Y)

listbox = tk.Listbox(root, yscrollcommand=scrollbar.set)
for i in range(50):
    listbox.insert(tk.END, f"选项 {i+1}")
listbox.pack(side=tk.LEFT)

scrollbar.config(command=listbox.yview)   # 绑定滚动条与 Listbox
```

在这个示例中，创建了一个 Listbox，并通过 Scrollbar 为其添加了垂直滚动功能。

第四节　事件驱动编程

事件驱动编程是一种编程范式，其中程序的执行流程由用户的操作或事件触发。在 GUI 应用程序中，事件驱动编程尤为重要，因为用户与程序的交互是通过各种事件（如点击按钮、输入文本、移动鼠标等）来实现的。本节将介绍 Tkinter 中事件驱动编程的基本概念，包括事件循环、事件绑定和事件处理函数的实现。

一、事件循环

（一）事件循环的概念

事件循环是事件驱动编程的核心，它持续运行以等待并处理事件。当用户与应用程序交互时，事件循环捕获这些交互并触发相应的事件处理程序。在 Tkinter 中，事件循环通过调用 mainloop() 方法启动。

事件循环的主要功能包括：

（1）监视用户输入和其他事件。

（2）调用相应的事件处理函数。

（3）更新界面并保持程序响应。

在应用程序运行时，事件循环保持活动状态，直到用户关闭窗口或调用退出函数。

（二）事件循环的实现

在 Tkinter 中，事件循环的实现非常简单。创建一个 Tkinter 应用程序，通常会在最后调用 root.mainloop() 来启动事件循环。例如：

```
import tkinter as tk

def on_click():
    print("按钮被点击！")
```

```
root = tk.Tk()
button = tk.Button(root, text="点击我", command=on_click)
button.pack(pady=10)

root.mainloop()  # 启动事件循环
```

　　在这个示例中，应用程序创建了一个按钮，并将其绑定到 on_click 函数。当用户点击按钮时，事件循环捕获到这个事件，并调用相应的函数来处理它。

二、事件绑定

（一）事件绑定的概念

　　事件绑定是将特定的事件与相应的事件处理函数关联起来的过程。当指定的事件发生时，事件处理函数将被调用。在 Tkinter 中，可以通过设置组件的 bind() 方法来实现事件绑定。

　　常见的事件类型包括：

　　（1）鼠标事件（如点击、移动、双击鼠标等）。

　　（2）键盘事件（如按键、释放键等）。

　　（3）窗口事件（如关闭窗口、调整窗口大小等）。

（二）事件绑定的实现

　　以下是事件绑定的基本用法示例：

```
def on_mouse_enter(event):
    print("鼠标进入按钮区域")

def on_mouse_leave(event):
    print("鼠标离开按钮区域")

root = tk.Tk()
button = tk.Button(root, text="鼠标事件示例")
button.pack(pady=10)

# 绑定鼠标进入和离开的事件
button.bind("<Enter>", on_mouse_enter)
button.bind("<Leave>", on_mouse_leave)

root.mainloop()
```

　　在这个示例中，创建了一个按钮，并绑定了两个鼠标事件：<Enter>（鼠标进入）和 <Leave>（鼠标离开）。当鼠标进入按钮区域时，将调用 on_mouse_enter 函数；当鼠标离开按钮区域时，将调用 on_mouse_leave 函数。

三、事件处理函数

（一）事件处理函数的概念

事件处理函数是用于响应特定事件的函数。在事件驱动编程中，这些函数通常会接收一个事件对象作为参数，包含有关事件的详细信息，例如事件类型、鼠标位置、键盘按键等。

通过定义事件处理函数，开发者可以为不同的用户操作提供响应逻辑，从而增强应用程序的交互性。

（二）事件处理函数的实现

以下是一个包含多个事件处理函数的示例：

```python
def on_key_press(event):
    print(f"按下的键: {event.char}")


def on_close():
    print("窗口已关闭")
    root.destroy()


root = tk.Tk()

# 绑定键盘按键事件
root.bind("<KeyPress>", on_key_press)

# 绑定窗口关闭事件
root.protocol("WM_DELETE_WINDOW", on_close)

root.mainloop()
```

在这个示例中，绑定了一个键盘事件，当用户按下任意键时，on_key_press 函数将被调用并打印出按下键的字符。我们还定义了一个关闭窗口的处理函数 on_close，当用户尝试关闭窗口时，将执行该函数并销毁主窗口。

第五节　案例分析

计算器是 GUI 编程中的经典案例，它不仅能帮助我们理解 Tkinter 的组件与事件处理，还能让我们在实际项目中实践所学知识。本节将分析计算器的设计，包括界面布局、按钮功能的实现以及如何处理用户输入等。通过案例分析，读者将能更好地掌握 Tkinter 的使用，并为开发更复杂的应用打下基础。

一、简单计算器的实现

计算器的基本功能包括数字输入、运算符选择以及计算结果的显示。我们将创建一个基本的图形界面，允许用户输入数字并选择运算符，然后显示计算结果。设计计算器的关键在于清晰的界面和高效的事件处理。

（一）确定基本功能

我们将实现以下基本功能：

（1）加法、减法、乘法和除法运算。

（2）数字输入和小数点支持。

（3）清空输入和结果显示。

（4）结果显示。

（二）计算器的功能逻辑

计算器的基本逻辑可以用以下步骤描述：

（3）用户输入数字和运算符。

（4）用户按下"="，触发计算。

（5）计算结果在界面上显示。

（6）用户可以清空输入或继续计算。

二、界面设计

（一）数字按钮

首先，创建数字按钮（0～9），使用户能够输入数字。使用Tkinter的Button组件来实现这些按钮。例如：

```python
import tkinter as tk

def button_click(number):
    current = entry.get()
    entry.delete(0, tk.END)
    entry.insert(0, current + str(number))

root = tk.Tk()
root.title("简单计算器")

entry = tk.Entry(root, width=35, borderwidth=5)
entry.grid(row=0, column=0, columnspan=3, padx=10, pady=10)

# 创建数字按钮
for i in range(10):
```

```
    button = tk.Button(root, text=str(i), padx=40, pady=20, command=lambda num=i:
button_click(num))
    button.grid(row=(i // 3) + 1, column=i % 3)


root.mainloop()
```

在这个示例中，创建了一个输入框和数字按钮。当用户点击数字按钮时，button_click 函数将被调用，将按钮的数字添加到输入框中。

（二）小数点按钮

然后，创建一个小数点按钮，允许用户输入小数。例如：

```
button_dot = tk.Button(root, text=".", padx=41, pady=20, command=lambda: button_click('.'))
button_dot.grid(row=4, column=1)
```

（三）运算按钮

接着，添加运算符按钮，如加法、减法、乘法和除法。例如：

```
def button_operation(operator):
    global first_number
    global operation
    first_number = float(entry.get())
    operation = operator
    entry.delete(0, tk.END)


button_add = tk.Button(root, text="+", padx=39, pady=20, command=lambda: button_op-
eration("add"))
button_add.grid(row=4, column=0)


button_subtract = tk.Button(root, text="-", padx=41, pady=20, command=lambda: but-
ton_operation("subtract"))
button_subtract.grid(row=5, column=0)


button_multiply = tk.Button(root, text="*", padx=40, pady=20, command=lambda: but-
ton_operation("multiply"))
button_multiply.grid(row=5, column=1)


button_divide = tk.Button(root, text="/", padx=41, pady=20, command=lambda: but-
ton_operation("divide"))
button_divide.grid(row=5, column=2)
```

（四）其他功能按钮

最后，创建一个 "=" 按钮来计算结果，一个 "C" 按钮来清空输入框。例如：

```
def button_equal():
    second_number = float(entry.get())
    entry.delete(0, tk.END)

    if operation == "add":
        entry.insert(0, first_number + second_number)
    elif operation == "subtract":
        entry.insert(0, first_number - second_number)
    elif operation == "multiply":
        entry.insert(0, first_number * second_number)
    elif operation == "divide":
        entry.insert(0, first_number / second_number)

button_equal = tk.Button(root, text="=", padx=91, pady=20, command=button_equal)
button_equal.grid(row=6, column=0, columnspan=2)

def button_clear():
    entry.delete(0, tk.END)

button_clear = tk.Button(root, text="C", padx=39, pady=20, command=button_clear)
button_clear.grid(row=6, column=2)
```

三、按钮功能的实现

（一）实现计算功能

以下是完整的计算器代码：

```
import tkinter as tk

def button_click(number):
    current = entry.get()
    entry.delete(0, tk.END)
    entry.insert(0, current + str(number))

def button_operation(operator):
    global first_number
    global operation
    first_number = float(entry.get())
    operation = operator
    entry.delete(0, tk.END)
```

Python程序设计基础教程

```python
def button_equal():
    second_number = float(entry.get())
    entry.delete(0, tk.END)

    if operation == "add":
        entry.insert(0, first_number + second_number)
    elif operation == "subtract":
        entry.insert(0, first_number - second_number)
    elif operation == "multiply":
        entry.insert(0, first_number * second_number)
    elif operation == "divide":
        entry.insert(0, first_number / second_number)


def button_clear():
    entry.delete(0, tk.END)


root = tk.Tk()
root.title("简单计算器")

entry = tk.Entry(root, width=35, borderwidth=5)
entry.grid(row=0, column=0, columnspan=3, padx=10, pady=10)

# 创建数字按钮
for i in range(10):
    button = tk.Button(root, text=str(i), padx=40, pady=20, command=lambda num=i: button_click(num))
    button.grid(row=(i // 3) + 1, column=i % 3)

# 小数点按钮
button_dot = tk.Button(root, text=".", padx=41, pady=20, command=lambda: button_click('.'))
button_dot.grid(row=4, column=1)

# 运算符按钮
button_add = tk.Button(root, text="+", padx=39, pady=20, command=lambda: button_operation("add"))
button_add.grid(row=4, column=0)

button_subtract = tk.Button(root, text="-", padx=41, pady=20, command=lambda: but-
```

```
ton_operation("subtract"))
button_subtract.grid(row=5, column=0)

button_multiply = tk.Button(root, text="*", padx=40, pady=20, command=lambda: but-
ton_operation("multiply"))
button_multiply.grid(row=5, column=1)

button_divide = tk.Button(root, text= "/", padx=41, pady=20, command=lambda: but-
ton_operation("divide"))
button_divide.grid(row=5, column=2)

# 结果按钮
button_equal = tk.Button(root, text="=", padx=91, pady=20, command=button_equal)
button_equal.grid(row=6, column=0, columnspan=2)

# 清空按钮
button_clear = tk.Button(root, text="C", padx=39, pady=20, command=button_clear)
button_clear.grid(row=6, column=2)

root.mainloop()
```

（二）实现其他功能

除了基本的计算功能，还可以根据需要使用Tkinter添加更多功能，例如：

（1）历史记录：保存之前的计算结果。

（2）更复杂的运算：如平方根、幂运算等。

（3）美化界面：使用Tkinter的样式功能美化计算器的外观。

本章小结

本章探讨了图形用户界面（GUI）编程的核心概念，特别是如何使用Python的Tkinter库来创建丰富的用户界面。Tkinter是Python内置的GUI库，它以其简洁的语法和强大的功能成为开发桌面应用程序的热门选择。通过本章的学习，读者对Tkinter的基本组件、事件驱动编程和实际案例分析有了更深入的理解。

练习题

1.使用Tkinter设计一个自定义的对话框，用于获取用户输入的信息。

思路提示：

（1）创建一个新的窗口作为对话框，包含输入框和确认、取消按钮。

（2）使用 tkinter.messagebox 模块显示确认或取消的信息。

（3）允许用户输入信息，并将结果返回到主程序中。

2.使用 Tkinter 创建一个简单的绘图程序，允许用户通过鼠标绘制线条。程序应包含颜色选择、线宽调整和清空画布的功能。

思路提示：

（1）使用 Canvas 组件作为绘图区域。

（2）通过鼠标事件捕获用户的绘图操作。

（3）提供按钮用于选择颜色、调整线宽和清空画布。

3.使用 Tkinter 实现一个简单的记事本程序，允许用户创建、编辑和保存文本文件。

思路提示：

（1）使用 Text 组件作为文本编辑区域。

（2）实现文件打开、保存和新建功能，使用 tkinter.filedialog 模块。

（3）添加菜单栏，使得用户能够通过菜单进行文件操作。

第十章 数据分析与可视化

📖 **学习目标**

（1）理解数据分析的基本概念。

（2）了解 Python 数据分析与可视化生态系统。

（3）掌握数值计算库 NumPy 和数据分析库 Pandas。

（4）了解科学计算扩展库 SciPy。

（5）掌握数值计算可视化库 Matplotlib。

（6）掌握数据探索与分析的基本步骤与注意事项。

第一节 概 述

在信息技术快速发展的今天，数据已成为推动决策和创新的关键资源。无论是企业在市场竞争中的决策支持，还是科研中的数据探索与验证，数据分析都扮演着至关重要的角色。数据分析不仅帮助我们理解数据背后的故事，更为我们提供了在复杂环境中做出明智决策的能力。

数据分析的过程通常包括数据的获取、处理、探索和建模等多个环节，而可视化则是将数据以图形化的方式呈现，以帮助人们更直观地理解数据的特征和趋势。随着数据规模的不断扩大和复杂性的增加，传统的数据分析方法显得力不从心。这时，灵活且功能强大的数据分析工具和库显得尤为重要。

在 Python 系统中，数据分析与可视化的相关工具不断丰富，这些工具不仅提升了数据处理的效率，还增强了分析结果的表达能力，使得分析师和科学家能够以更具说服力的方式展示他们的发现。

一、数据分析的意义

数据分析是通过对数据的整理、统计和解释，提炼出有价值的信息和见解的过程。它的意义主要体现在以下几个方面：

（1）决策支持：数据分析可为企业提供基于事实的决策依据。通过分析历史数据和市场趋势，企业能够更精准地预测未来市场的变化，从而制订出更为有效的策略。

（2）效率提升：通过分析数据，企业可以识别运营中的瓶颈和问题，从而优化资源配置，提高运营效率。例如，零售商可以通过销售数据分析，调整库存和供应链管理，以降低成本和提高利润。

（3）风险管理：数据分析能够帮助企业识别潜在风险，从而采取相应的预防措施。

（4）用户洞察：通过对用户行为数据的分析，企业能够更好地理解客户需求，从而优化产品设计和营销策略，提升用户体验。

（5）科学研究：数据分析可帮助研究者从实验数据中提取出重要信息，从而验证假设，推动科学进步。

二、Python数据分析系统

Python是近年来最流行的数据分析工具之一，其系统中有多个强大的库和工具，能够支持各类数据分析的需求。以下是一些关键组件：

（1）NumPy：NumPy是Python中用于数值计算的基础库，提供了支持高效数组和矩阵运算的功能，是其他数据分析库的基础。

（2）Pandas：Pandas是专为数据分析设计的库，提供了DataFrame和Series数据结构，支持数据的清洗、预处理和分析，可使数据操作更为直观和高效。

（3）SciPy：SciPy是一个用于科学和工程计算的库，提供了大量的数学算法和便利函数，支持数值积分、优化、插值和信号处理等功能。

（4）Matplotlib：Matplotlib是Python的绘图库，用于创建静态、动态和交互式图形，能够将数据可视化。

（5）Seaborn：Seaborn是基于Matplotlib的高级可视化库，能简化绘制复杂统计图形的过程，使得可视化效果更加美观。

（6）Scikit-learn：Scikit-learn是一个用于机器学习的库，提供了机器学习算法及其工具，支持模型的训练和评估。

（7）Statsmodels：Statsmodels专注于统计建模，提供了用于回归分析、时间序列分析和假设检验等功能。

（8）Dask：Dask用于处理大规模数据集，支持并行计算，能够在分布式环境中处理数据，适合大数据分析。

这些工具和库不仅提供了强大的数据处理能力，还形成了一个完整的数据分析系统，使用户能够在一个平台上完成数据的获取、处理、分析和可视化。

三、Python可视化系统

在数据分析中，数据可视化是一个不可或缺的部分。良好的可视化能够有效传达复杂的信息，使数据更具有说服力。Python提供了多种可视化库，以下是一些常用的可视化库：

（1）Matplotlib：Matplotlib作为Python中最基础的可视化库，支持多种类型的图表，包括折线图、散点图、柱状图、饼图等。用户可以自定义图表的外观，使其适应不同的需求。

（2）Seaborn：Seaborn构建在Matplotlib之上，提供了更高级的接口，便于绘制复杂的统计图表，尤其适合处理 Pandas DataFrame 数据结构。

（3）Plotly：Plotly 是一个支持交互式图表的可视化库，可以创建精美的网页图表，支持多种格式的输出，适合 Web 应用和展示。

（4）Bokeh：Bokeh 是主要用于创建交互式和动态的可视化库，适合构建大型数据集的可视化，支持在浏览器中呈现数据。

（5）Altair：Altair 是一个声明式的可视化库，基于 Vega 和 Vega-Lite，能使用户以简洁的方式创建复杂的可视化，特别适合探索性的数据分析。

利用这些可视化工具，分析师能够将数据分析结果生动地展示给相关人员，从而帮助决策者快速理解数据背后的含义。

第二节　数值计算库 NumPy

NumPy（Numerical Python）是 Python 中进行数值计算的基础库，广泛应用于科学计算、数据分析和机器学习等领域。它提供了高效的多维数组对象（ndarray）和多种操作这些数组的工具，使得数据处理和数学计算变得更加简单而高效。通过 NumPy，用户能够以更少的代码量实现复杂的数值运算，同时提升计算性能，特别是在处理大规模数据时。

NumPy 的核心特性之一是其强大的数组运算能力。与 Python 内置的列表相比，NumPy 数组提供了更高的性能和更丰富的功能。因此，掌握 NumPy 是进行数据分析和科学计算的基础。

一、NumPy 数组的创建与基础操作

（一）创建 NumPy 数组

NumPy 提供了多种方法来创建数组，如从 Python 列表和元组创建数组、使用 NumPy 内置函数创建数组。

1. 从 Python 列表或元组创建

```
import numpy as np

arr1 = np.array([1, 2, 3])  # 一维数组
arr2 = np.array([[1, 2], [3, 4]])  # 二维数组
```

2. 使用 NumPy 内置函数创建

（1）创建全零数组

```
zeros_array = np.zeros((2, 3))  # 创建2行3列的全零数组
```

（2）创建全一数组

```
ones_array = np.ones((3, 2))  # 创建3行2列的全一数组
```

（3）创建指定值的数组

```
full_array = np.full((2, 2), 7)  # 创建2×2的数组,所有元素为7
```

（4）创建等间隔数组

```
linspace_array = np.linspace(0, 1, 5)  # 创建从0到1的5个等间隔的数组
```

（二）数组与数值的算术运算

NumPy支持数组与标量之间的算术运算，运算会自动应用到数组中的每个元素。例如：

```
arr = np.array([1, 2, 3])
result = arr + 5   # 所有元素加5,输出结果为:array([6, 7, 8])
```

常见的算术运算包括加法、减法、乘法和除法等，这些运算也可以使用NumPy提供的函数进行，如np.add()、np.subtract()等。

（三）数组与数组的算术运算

NumPy支持数组之间的元素级运算，要求参与运算的数组具有相同的形状（即维度）。例如：

```
arr1 = np.array([1, 2, 3])
arr2 = np.array([4, 5, 6])
result = arr1 + arr2   # 元素级加法,输出结果为: array([5, 7, 9])
```

如果数组的形状不一致，NumPy会尝试使用广播机制来调整它们的形状，使其兼容。

（四）数组的关系运算

NumPy还提供了数组的关系运算，如比较操作符（==、>、<等），返回一个布尔数组，表示每个元素的比较结果。例如：

```
arr = np.array([1, 2, 3, 4])
result = arr > 2   # 比较运算,输出结果为:array([False, False,  True,  True])
```

二、数组的高级操作

（一）数组元素的访问与切片

NumPy数组支持多维数组的切片操作，与Python的列表类似，可以使用冒号（:）来指定切片的范围。例如：

```
arr = np.array([[1, 2, 3], [4, 5, 6]])
slice1 = arr[0, 1]   # 访问第一行第二列的元素
slice2 = arr[:, 1]   # 访问所有行的第二列
```

（二）改变数组形状与转置

使用reshape()方法可以改变数组的形状，但元素个数必须保持不变。例如：

```
arr = np.array([1, 2, 3, 4, 5, 6])
reshaped_arr = arr.reshape((2, 3))   # 改变为2行3列
```

转置数组可以使用T属性：

```
transposed_arr = reshaped_arr.T   # 转置操作
```

（三）广播机制与向量内积

广播机制允许不同形状的数组进行运算，NumPy会自动调整数组的形状来匹配。例如：

```
arr1 = np.array([1, 2, 3])
```

```
arr2 = np.array([[1], [2], [3]])
result = arr1 + arr2   # 广播加法
```

向量内积可以使用np.dot()或@运算符：

```
vec1 = np.array([1, 2, 3])
vec2 = np.array([4, 5, 6])
dot_product = np.dot(vec1, vec2)
```

（四）数组的函数运算与多维计算

NumPy提供了许多用于数组运算的函数，如np.sum()、np.mean()、np.max()等，可以针对整个数组或指定维度进行操作。例如：

```
arr = np.array([[1, 2], [3, 4]])
sum_total = np.sum(arr)   # 所有元素求和
sum_axis0 = np.sum(arr, axis=0)   # 按列求和
sum_axis1 = np.sum(arr, axis=1)   # 按行求和
```

（五）统计元素出现的次数

NumPy可以通过np.unique()函数获取数组中唯一元素及其出现的次数。例如：

```
arr = np.array([1, 2, 2, 3, 3, 3])
unique_elements, counts = np.unique(arr, return_counts=True)
```

（六）矩阵运算

NumPy支持矩阵运算，通过np.matmul()函数或@运算符进行矩阵乘法。例如：

```
mat1 = np.array([[1, 2], [3, 4]])
mat2 = np.array([[5, 6], [7, 8]])
matrix_product = np.matmul(mat1, mat2)   # 矩阵乘法
```

第三节　数据分析库 Pandas

Pandas是Python中最流行的数据分析库，专为处理和分析数据而设计。它提供了高效的数据结构，使得数据的处理、清洗和分析变得更简单。Pandas主要有两种数据结构：Series和DataFrame。这两种数据结构极大地提升了数据操作的灵活性和可读性。在数据科学和机器学习的工作流中，Pandas是必不可少的工具。

一、Pandas 数据结构

（一）Series

Series是一种一维数组，类似于Python的列表，但具有更强的功能和灵活性。每个Series都有一个索引，便于对数据进行标识和操作。

1.创建 Series

Series可以通过多种方式创建，如通过列表、字典等创建。

（1）从列表创建

```
import pandas as pd

data = [1, 2, 3, 4]
series1 = pd.Series(data)
```

（2）从字典创建

```
data_dict = {'a': 1, 'b': 2, 'c': 3}
series2 = pd.Series(data_dict)
```

（3）指定索引

```
series3 = pd.Series(data, index=['A', 'B', 'C', 'D'])
```

2.访问和操作 Series

可以通过索引访问 Series 的元素。例如：

```
element = series3['A']   # 访问索引为'A'的元素
```

Series 支持多种运算和方法，如求和、均值、标准差等。例如：

```
total = series1.sum()   # 求和
mean_value = series1.mean()   # 计算均值
```

（二）DataFrame

DataFrame 是 Pandas 中最重要的数据结构，可以将其看作是一个表格，包含多个列和行。每列可以是不同的数据类型（整数、浮点数、字符串等）。

1.创建 DataFrame

DataFrame 可以从多种数据来源创建，包括字典、列表、NumPy 数组等。

（1）从字典创建

```
data = {
    'Name': ['Alice', 'Bob', 'Charlie'],
    'Age': [25, 30, 35],
    'City': ['New York', 'Los Angeles', 'Chicago']
}
df = pd.DataFrame(data)
```

（2）从列表创建

```
data_list = [['Alice', 25, 'New York'], ['Bob', 30, 'Los Angeles'],
['Charlie', 35, 'Chicago']]
df_from_list = pd.DataFrame(data_list, columns=['Name', 'Age', 'City'])
```

（3）从 Numpy 数组创建

```
data = np.array([
    ['Alice', 25, 'New York'],
    ['Bob', 30, 'Los Angeles'],
    ['Charlie', 35, 'Chicago']
])
df = pd.DataFrame(data, columns=['Name', 'Age', 'City'])
```

2.访问和操作 DataFrame

可以通过列名或行索引访问 DataFrame 中的数据。例如：

```
ages = df['Age']  # 访问'Age'列
row1 = df.iloc[0]  # 访问第一行
```

常用操作包括：

（1）选择列和行

```
selected_rows = df.loc[0:1]  # 选择前两行
```

（2）筛选数据

```
filtered_df = df[df['Age'] > 28]  # 筛选年龄大于28岁的人
```

（3）添加新列

```
df['Salary'] = [70000, 80000, 90000]  # 添加新列
```

（4）删除列或行

```
df.drop('Salary', axis=1, inplace=True)  # 删除'Salary'列
```

二、数据操作

（一）创建、索引、选择数据

在 Pandas 中，数据的创建、索引和选择是非常基础且重要的操作。无论是通过列表、字典还是 CSV 文件等外部数据源，Pandas 都能轻松处理数据的导入。

1.创建数据

可以通过字典、列表和 NumPy 数组创建 Pandas 数据结构。此外，Pandas 还支持从 CSV、Excel 等文件中读取数据。例如：

```
df_csv = pd.read_csv('data.csv')  # 从 CSV 文件读取数据
```

2.数据索引

索引是 Pandas 中极其重要的特性。使用 set_index() 方法可以更改 DataFrame 的索引。例如：

```
df.set_index('Name', inplace=True)  # 以'Name'列作为索引
```

3.数据选择

Pandas 提供了多种选择数据的方法，包括 loc 和 iloc，用于基于标签和位置选择数据，可以选择特定的列、行或子集。例如：

```
specific_rows = df.loc['Alice']  # 选择索引为'Alice'的行
specific_columns = df[['Age', 'City']]  # 选择多个列
```

（二）数据清洗与预处理

数据清洗和预处理是数据分析中至关重要的步骤，能确保数据的准确性和完整性。Pandas 提供了多种工具来帮助用户处理缺失值、重复数据和格式不一致的问题。

1.检查和删除缺失值

使用 isnull() 和 dropna() 方法可以检查和删除缺失值。例如：

```
df.isnull().sum()  # 检查每列的缺失值数量
df.dropna(inplace=True)  # 删除缺失值
```

2.填充缺失值

可以用特定的值填充缺失值。例如：

```
df.fillna(0, inplace=True)   # 用 0 填充缺失值
```

3.处理重复数据

使用 duplicated() 和 drop_duplicates() 方法可以检查和删除重复数据。例如：

```
df.duplicated().sum()   # 检查重复行数量
df.drop_duplicates(inplace=True)   # 删除重复行
```

（三）数据类型转换

Pandas 允许用户通过 astype() 方法转换数据类型，以确保数据的一致性。例如：

```
df['Age'] = df['Age'].astype(float)   # 将 'Age' 列转换为浮点数
```

Pandas 是数据分析的强大工具，通过 Series 和 DataFrame，用户可以高效地创建、索引和选择数据。Pandas 提供的相关函数能够有效地处理数据中的缺失值和重复数据，使得其分析结果更加可靠。

第四节　科学计算扩展库 SciPy

SciPy 是一个用于科学计算的 Python 库，构建于 NumPy 之上，它提供了大量的数学算法和工具。它广泛应用于数据科学、工程、统计学以及其他科学领域，涵盖了优化、信号处理、线性代数、积分、插值、常微分方程解等多种功能。通过 SciPy，用户可以进行复杂的科学计算，而不必编写复杂的算法。

一、常数模块 constants

SciPy 的常数模块提供了一系列物理和数学常数，方便其在科学计算中使用。使用这些常数可以提高代码的可读性，并减少出错。

（一）常用常数

在 scipy.constants 模块中，可以找到以下几类常数：

（1）物理常数：如光速、普朗克常数、万有引力常数等。

（2）数学常数：如圆周率 π、自然对数的底 e 等。

（3）单位转换：提供常见单位的转换，如长度、质量和时间等。

（二）代码示例

```
from scipy import constants # 获取光速

speed_of_light = constants.c   # 光速,单位:米/秒
print(f"光速: {speed_of_light} m/s") # 获取圆周率

pi_value = constants.pi   # 圆周率
print(f"圆周率: {pi_value}")
```

通过使用这些常数，用户可以避免硬编码，从而提高代码的准确性和可维护性。

二、特殊函数模块 special

SciPy的特殊函数模块提供了一系列数学上常见的特殊函数，这些函数在科学计算中经常出现，比如贝塞尔函数、伽马函数和误差函数等。

（一）常用特殊函数

（1）伽马函数：scipy.special.gamma(x)，定义为积分的结果，常用于概率和统计。

（2）贝塞尔函数：scipy.special.jv(n, x)，第一类贝塞尔函数，常在物理问题中出现。

（3）误差函数：scipy.special.erf(x)，用于计算正态分布的概率。

（二）代码示例

```
from scipy import special # 计算伽马函数

gamma_value = special.gamma(5)   # 计算5的伽马函数值
print(f"伽马函数值: {gamma_value}") # 计算第一类贝塞尔函数

bessel_value = special.jv(0, 5)  # 计算J0(5)
print(f"第一类贝塞尔函数值: {bessel_value}") # 计算误差函数

error_value = special.erf(1)   # 计算erf(1)
print(f"误差函数值: {error_value}")
```

通过这些特殊函数，SciPy可高效实现许多科学计算，使得复杂的数学计算变得简单而直观。

三、多项式计算与符号计算

SciPy不仅可以处理基本的数值计算，还提供了多项式的计算工具用于处理多项式的求值、求导、拟合等操作。同时，与SymPy等库结合，还可以进行符号计算。

（一）多项式计算

在SciPy中，可以使用numpy.poly1d类来创建和操作多项式：

（1）创建多项式：通过指定多项式的系数来创建多项式。

（2）求值：通过指定x的值来计算多项式的值。

（3）求导和积分：可以对多项式进行求导和积分操作。

（二）代码示例

```
import numpy as np # 创建多项式:2x^2 + 3x + 4
p = np.poly1d([2, 3, 4]) # 计算多项式在x=1处的值
value_at_1 = p(1)
print(f"多项式在x=1处的值: {value_at_1}") # 求导
p_deriv = p.deriv()
```

```
print(f"多项式的导数: {p_deriv}") # 积分
p_integral = p.integ()
print(f"多项式的积分: {p_integral}")
```

（三）符号计算

需要符号计算时，可以使用SymPy库。在计算多项式、导数、积分等时，可以得到符号结果。例如：

```
import sympy as sp

# 定义符号变量
x = sp.symbols('x')

# 定义多项式
poly = 2*x**2 + 3*x + 4

# 求导
derivative = sp.diff(poly, x)
print(f"多项式的导数: {derivative}")

# 积分
integral = sp.integrate(poly, x)
print(f"多项式的积分: {integral}")
```

第五节　可视化库 Matplotlib

Matplotlib是Python中最为流行的绘图库之一，广泛应用于数据分析与可视化领域。它提供了一系列强大的功能，使得用户能够轻松创建多种类型的图表，如线图、散点图、直方图、饼图等。Matplotlib的灵活性和扩展性使得它成为数据科学家和工程师进行数据可视化的首选工具。本节将介绍Matplotlib的基本用法和高级绘图技术。

一、Matplotlib基础绘图

（一）绘制散点图

散点图是一种用来显示两组数据之间关系的图形。Matplotlib通过scatter()函数可轻松实现散点图的绘制。例如：

```
import matplotlib.pyplot as plt
import numpy as np

# 创建数据
```

```
x = np.random.rand(50)   # 50个随机数
y = np.random.rand(50)   # 50个随机数


# 绘制散点图
plt.scatter(x, y, color='blue', alpha=0.5)
plt.title('散点图示例')
plt.xlabel('X轴标签')
plt.ylabel('Y轴标签')
plt.grid(True)
plt.show()
```

在这个示例中，生成了50个随机数并将它们绘制为散点图。通过调整 alpha 参数，可以设置点的透明度。

（二）绘制饼图

饼图是一种用于表示数据部分与整体关系的图形。Matplotlib 通过 pie() 函数实现饼图的绘制。例如：

```
# 饼图数据
sizes = [15, 30, 45, 10]
labels = ['A', 'B', 'C', 'D']
colors = ['gold', 'yellowgreen', 'lightcoral', 'lightskyblue']
explode = (0.1, 0, 0, 0)   # 突出显示第一块


# 绘制饼图
plt.pie(sizes, explode=explode, labels=labels, colors=colors, autopct='%1.1f%%', shadow=True, startangle=140)
plt.axis('equal')   # 确保饼图为圆形
plt.title('饼图示例')
plt.show()
```

在这个示例中，使用 explode 参数来突出显示饼图的一部分，同时使用 autopct 来显示百分比。

（三）绘制带有公式的图

Matplotlib 支持使用 LaTeX 语法来展示数学公式。例如：

```
# 绘制带有公式的图
x = np.linspace(0, 2 * np.pi, 100)
y = np.sin(x)


plt.plot(x, y)
plt.title(r'$\sin(x)$', fontsize=20)   # 使用LaTeX语法
plt.xlabel(r'$x$ (弧度)', fontsize=15)
plt.ylabel(r'$\sin(x)$', fontsize=15)
```

```
plt.grid()
plt.show()
```

在这个示例中，使用LaTeX语法绘制了函数标题和坐标轴标签。

二、高级绘图

（一）绘制三维参数曲线

使用Matplotlib的mpl_toolkits.mplot3d模块，可以轻松绘制三维图形。例如：

```
from mpl_toolkits.mplot3d import Axes3D

# 创建三维图形
fig = plt.figure()
ax = fig.add_subplot(111, projection='3d')

# 生成数据
t = np.linspace(0, 10, 100)
x = np.sin(t)
y = np.cos(t)
z = t

# 绘制三维参数曲线
ax.plot(x, y, z, label='三维参数曲线')
ax.set_xlabel('X轴')
ax.set_ylabel('Y轴')
ax.set_zlabel('Z轴')
ax.legend()
plt.show()
```

运用此例绘制了一条三维螺旋线，如图10-1所示。

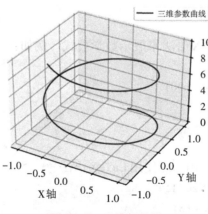

图10-1 三维螺旋线

（二）绘制三维图形

使用Matplotlib除了可以绘制三维参数曲线外，还可以绘制三维表面和散点图。例如：

```
# 创建三维表面图
fig = plt.figure()
ax = fig.add_subplot(111, projection='3d')

# 创建网格数据
x = np.linspace(-5, 5, 100)
y = np.linspace(-5, 5, 100)
x, y = np.meshgrid(x, y)
z = np.sin(np.sqrt(x**2 + y**2))

# 绘制表面
ax.plot_surface(x, y, z, cmap='viridis')
ax.set_title('三维表面图')
ax.set_xlabel('X轴')
ax.set_ylabel('Y轴')
ax.set_zlabel('Z轴')
plt.show()
```

运用此例绘制了一个三维表面图，展示了 $z = \sin\sqrt{(x^2 + y^2)}$ 的曲面，如图10-2所示。

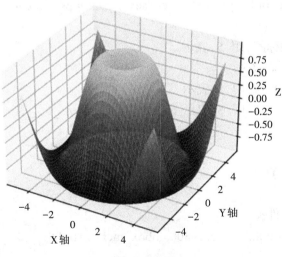

图10-2 三维表面图

第六节　可视化进阶

在数据分析和科学计算中，数据可视化是非常重要的环节。除了Matplotlib，Seaborn和其他一些可视化库也提供了丰富的功能，以帮助用户更有效地呈现数据及其分析结果。本节将介绍Seaborn的高级可视化功能，并简要介绍其他可视化库。

一、Seaborn高级可视化

Seaborn是基于Matplotlib构建的统计数据可视化库，它提供了更为美观的图形和更方便的接口来创建复杂的可视化。Seaborn特别适合于绘制统计图形，统计图形可以更直观地展示数据的分布和关系。

（一）基本图形

1.关系图

Seaborn提供了多种函数用于绘制关系图，如scatterplot()和lineplot()，它们可以轻松地展示两个变量之间的关系。例如：

```python
import seaborn as sns
import matplotlib.pyplot as plt

# 加载示例数据
tips = sns.load_dataset("tips")

# 绘制散点图,使用性别 (sex) 作为颜色区分
sns.scatterplot(x="total_bill", y="tip", hue="sex", data=tips, palette="Set2")

# 设置标题和坐标轴标签,用 $ 表示
plt.title('小费与总账单的关系')
plt.xlabel('总账单 ($)')    # 用 $ 表示
plt.ylabel('小费 ($)')      # 用 $ 表示

# 添加图例
plt.legend(title="性别")

# 保存图形到当前文件夹
plt.savefig('tips_scatterplot.png', dpi=300, bbox_inches='tight')

# 显示图形
plt.show()
```

本例通过 Seaborn 库的 load_dataset() 函数加载了内置的 tips 数据集，并绘制了小费与总账单之间的关系图。为增强数据对比效果，图中以性别作为颜色区分，使得不同性别的数据点呈现出鲜明的对比。为简化操作，示例图形直接输出到与程序文件相同的文件夹下，后续实例的图形亦将沿用此处理方式，但相关图形文件生成语句将不再重复。

2. 分布图

Seaborn 的 displot() 和 sns.histplot() 函数可以用于绘制可视化数据分布图。

```
# 绘制分布图
sns.histplot(tips['total_bill'], kde=True)
plt.title('总账单的分布')
plt.xlabel('总账单')
plt.ylabel('频数')
plt.show()
```

通过 kde=True 参数，可以在直方图上叠加核密度估计（kernel density estimation，KDE）曲线，从而直观展示数据分布的平滑性。

（二）分类图

1. 箱线图

箱线图是展示数据分布的有效工具。使用 Seaborn 的 boxplot() 函数可以方便地绘制箱线图。例如：

```
# 绘制箱线图
sns.boxplot(x="day", y="total_bill", data=tips)
plt.title('各天总账单的箱线图')
plt.show()
```

在这个示例中，绘制了每一天总账单的箱线图，直观展示了不同日期账单的差异。

2. 小提琴图

小提琴图结合了箱线图和核密度估计，能够更详细地展示数据的分布。例如：

```
# 绘制小提琴图
sns.violinplot(x="day", y="total_bill", data=tips, hue="day", palette="Set2", legend=False)
plt.title('各天总账单的小提琴图')
plt.show()
```

（三）热力图

热力图是用于展示矩阵数据的有效方式。使用 Seaborn 的 heatmap() 函数可以很方便地绘制热力图。例如：

```
# 创建透视表数据
pivot_table = tips.pivot_table(values='tip', index='day', columns='sex', aggfunc='mean')

# 绘制热力图
sns.heatmap(pivot_table, annot=True, cmap='coolwarm')
```

```
plt.title('不同性别人群在各天的消费均值热力图')
plt.show()
```

通过设置annot=True参数，可以在热力图中显示数值，使信息更加明确。

二、其他可视化库（Plotly等）

除了Matplotlib和Seaborn外，还有其他一些可视化库可以用来进行数据可视化。如当下一些流行的可视化库Plotly、Bokeh、Altair等。

（一）Plotly

Plotly是一个功能强大的交互式可视化库，支持多种图表类型，如折线图、散点图、饼图、3D图形等。Plotly的一个显著特点是生成的图表具有良好的交互性，用户可以通过鼠标悬停、缩放等操作与图形进行交互。例如：

```
import plotly.express as px

# 示例数据
df = px.data.tips()

# 绘制散点图
fig = px.scatter(df, x='total_bill', y='tip', color='sex', title='小费与总账单的关系')
fig.show()
```

Plotly的API非常直观，适合快速构建美观的可视化图。

（二）Bokeh

Bokeh是另一个用于创建交互式可视化的库，特别适合构建Web应用中的数据可视化。例如：

```
from bokeh.plotting import figure, show
from bokeh.io import output_notebook
# 设置输出环境
output_notebook()
# 创建数据
x = [1, 2, 3, 4, 5]
y = [6, 7, 2, 4, 5]
# 创建图表
p = figure(title="简单示例", width=600, height=400)  # 使用 width 和 height 参数
p.line(x, y, line_width=2, line_color="blue", legend_label="折线")
# 显示图表
show(p)
```

需要强调的一点是，Bokeh的交互式图表也非常适合实时数据的可视化。

（三）Altair

Altair是一个声明式的统计可视化库，基于Vega和Vega-Lite构建，特别适合用于快速创建简单且美观的图表。例如：

```
import altair as alt
import pandas as pd

# 示例数据
df = pd.DataFrame({
    'x': range(1, 11),
    'y': [1, 3, 2, 5, 4, 6, 5, 8, 7, 9]
})

# 创建图表
chart = alt.Chart(df).mark_line().encode(
    x='x',
    y='y'
)

chart.show()
```

Altair的语法简单明了，适合快速生成统计图表。

第七节　数据探索与分析

在数据分析的过程中，数据探索与分析是一个至关重要的环节。通过对数据的深入理解，可以为后续的建模和决策打下坚实的基础。本节将介绍数据分析的流程，包括数据获取、清洗、探索性分析、建模和模型评估。

一、数据分析流程简介

（一）数据获取

数据获取是数据分析的第一步，涉及从各种来源收集的数据。常见的数据来源包括：

（1）数据库：从SQL或NoSQL数据库中提取数据。

（2）CSV、Excel文件：使用Python的Pandas库读取文件数据。

（3）API：通过RESTful API从外部服务获取数据。

（4）网页爬虫：使用BeautifulSoup或Scrapy等库从网页上抓取数据。

数据获取的质量直接影响后续分析的效果，因此选择合适的数据来源和获取方式至关重要。

（二）数据清洗

数据清洗是数据分析中非常耗时但又非常重要的步骤，目的是处理数据中的错误、不一致或缺失值。常见的数据清洗步骤包括：

（1）处理缺失值：可以选择填充、删除或插值等方法来处理缺失值。

（2）去重：删除重复的记录，确保数据集的唯一性。

（3）格式标准化：统一日期格式、数值单位等，确保数据类型的一致性。

（4）异常值处理：通过统计方法识别并处理异常值，以防其对分析结果产生影响。

数据清洗的质量直接影响分析结果的可靠性，因此需要认真对待。

（三）探索性数据分析

探索性数据分析（exploratory data analysis, EDA）是对数据集进行初步分析的过程，目的是了解数据的基本特征和结构。EDA通常包括以下几个方面：

（1）描述性统计：计算数据的均值、标准差、最小值、最大值等统计量，以获取数据的基本信息。

（2）分布可视化：通过直方图、箱线图等方法可视化数据分布，识别潜在的模式和异常值。

（3）变量关系分析：通过散点图、相关系数等分析变量之间的关系，寻找潜在的相关性或因果关系。

通过探索性数据分析，分析师可以发现数据中的重要特征，从而为后续的建模奠定基础。

（四）建模

建模是数据分析的重要步骤，目的是根据数据构建数学模型，以便于预测或分类。常见的建模方法包括：

（1）回归模型：用于预测连续变量，例如线性回归和岭回归。

（2）分类模型：用于分类问题，例如逻辑回归、决策树和支持向量机。

（3）聚类模型：用于无监督学习，例如K均值聚类和层次聚类。

选择哪种模型，取决于数据的特性和分析的目标。

（五）模型评估

模型评估是验证模型性能的关键步骤，通常使用以下指标：

（1）准确率：正确预测的样本数占总样本数的比例。

（2）精确率和召回率：精确率表示预测为正例的样本中实际为正例的比例，召回率表示所有正例中被预测为正例的比例。

（3）均方误差：用于回归模型，表示预测值与真实值之间差异平方的均值。

通过模型评估，分析师可以选择最优模型并进行参数调优，以提高模型的准确性。

二、描述性统计

描述性统计是对数据集进行总结和描述的方法，通常包括：

（1）集中趋势度量：如均值、中位数和众数，描述数据的中心位置。

（2）离散程度度量：如方差、标准差和极差，描述数据的离散程度。

（3）分布形态：如偏度和峰度，描述数据分布的形状。

通过描述性统计，分析师可以快速了解数据的基本特征，从而为进一步分析提供依据。

三、探索性数据分析

探索性数据分析是一个非正式的过程，主要目的是发现数据中的模式、趋势和异常。常用的方法包括：

（1）可视化分析：利用各种图表展示数据的分布和关系。

（2）数据透视：通过数据透视表对数据进行汇总和分组，以便于观察不同维度下的数据表现。

探索性数据分析不仅可以帮助分析师提出假设，还可以为后续的建模提供指导。

四、数据可视化

数据可视化是将数据通过图形或图表展示的过程。有效的可视化能够使复杂的数据更易于被理解。常见的数据可视化方法包括：

（1）散点图：用于展示两个变量之间的关系。

（2）直方图：用于展示数据的分布情况。

（3）箱线图：用于比较不同组数据的分布情况。

（4）热力图：用于展示变量之间的相关性。

通过数据可视化，分析师能够更直观地展示数据分析的结果，从而帮助团队或决策者更好地理解数据背后的故事。

本章小结

本章介绍了数据分析与可视化的核心概念，强调了数据分析在理解和解释数据中的重要性。通过对数据获取、清洗、探索性分析、建模和模型评估的介绍，用户能够更有效地处理和分析数据。在此过程中，描述性统计和可视化技术被视为关键工具，可帮助用户洞察数据中的模式与趋势。

Python作为一门功能强大的编程语言，凭借其丰富的系统，成为数据分析领域的首选工具。NumPy和Pandas为数值计算和数据处理提供了高效的方法，Matplotlib和Seaborn则让数据可视化变得更加直观且易懂。Python的灵活性和易用性，使得分析师和数据科学家能够快速构建和实现数据的分析解决方案。

练习题

1. 数据清洗与预处理练习。给定一个包含缺失值、重复记录和异常值的CSV文件，请用Python成以下任务：

（1）读取数据并展示前5行。

（2）识别并处理缺失值（使用填充或删除）。

（3）检查并删除重复记录。

（4）识别异常值（例如，利用Z-score方法）并处理。

2.多图布局练习。使用Matplotlib创建一个2×2的子图布局，分别绘制以下图表：

（1）正弦函数图像。

（2）余弦函数图像。

（3）随机生成的散点图。

（4）直方图。

数据集可自定义，如正弦波、余弦波、随机数据等。

第十一章　学生基本信息管理系统的设计与实现

📖 **学习目标**

（1）理解信息系统开发的基本概念及需求描述。

（2）能够综合运用 Python 的数据类型。

（3）熟悉学生信息的基本操作。

（4）掌握系统的菜单设计和函数实现。

（5）理解数据的持久化存储。

（6）掌握系统的扩展与优化。

　　学生基本信息管理系统旨在为教师、学生和管理人员提供一个综合性的平台，用于查询和编辑相关信息，从而提升教学管理的效率。该系统通过有效的学生数据管理，确保了数据的及时更新和准确性。

　　一个全面的学生信息管理系统包含众多教学管理功能。通过该系统，用户能够轻松地进行数据录入、查询和维护，大大提高了信息管理的便捷性和效率。限于篇幅，本章仅涉及学生基本信息管理的部分内容。

第一节　系统概述

一、系统简介

　　学生基本信息管理系统是一个综合性的信息管理平台，集成了数据录入、存储、查询、修改及删除等多重功能，目的是提升管理人员在学生基本信息管理方面的效率。该系统采用文本文件作为数据存储的媒介，用户界面直观。该系统主要包括以下几个核心模块：

　　（1）用户界面模块：为用户提供友好的交互界面，支持信息的录入、查询、修改和删除等操作。界面设计注重用户体验，并确保用户在使用过程中能够快速上手。

　　（2）数据处理模块：负责对用户输入的信息进行有效处理，包括数据的校验、格式化和存储。该模块将确保所有操作符合预定的规则，避免因输入错误而导致数据混乱。

（3）数据持久化模块：通过文本文件实现数据的持久化存储，即使系统关闭，学生信息仍然能够安全保存。该模块实现了数据的读取和写入功能，支持信息的随时更新。

（4）权限管理模块：为不同用户提供不同的访问权限，确保系统的安全性。管理人员可以通过登录验证来控制用户的操作权限，从而保护数据的机密性。

通过这些模块，学生基本信息管理系统不仅提高了数据管理的效率，也确保了信息的准确性和及时性。

二、系统开发的目的

学生基本信息管理系统的开发目的主要体现在以下几个方面：

（1）提高管理效率：传统的学生信息管理方式通常依赖纸质档案，信息更新、查询效率低下。通过引入信息化管理系统，管理人员能够快速地完成信息的增加、删除、修改和查询，从而大大地提高工作效率。

（2）确保数据的准确性：手动输入和管理信息容易出现错误，而系统化管理则可以通过数据验证和统一格式来减少错误的发生。信息系统通过设计合理的数据结构和输入格式，可确保所录入的数据准确无误。

（3）确保数据安全：通过用户登录验证和权限控制，只有授权人员才能够访问和修改数据，从而降低数据泄露的风险。

（4）方便信息查询与统计：该系统支持多种查询条件，用户可以快速定位到所需信息。此外，该系统还可以对学生信息进行统计分析，为学校的决策提供数据支持。

（5）适应未来扩展需求：该系统的设计考虑到未来可能的扩展需求，如成绩管理、课程安排等功能，可确保该系统能够适应未来的发展变化。

三、系统的功能需求

（一）学生信息管理

（1）信息录入：支持用户通过输入界面快速添加新学生的信息，包括姓名、性别、出生日期、学号、联系方式等。

（2）信息修改：用户能够对已有的学生信息进行修改和更新，以保持数据的时效性。

（3）信息删除：支持用户删除学生信息，系统会进行必要的删除确认，以防误操作。

（4）信息查询：提供多条件查询功能，用户可以按学号、姓名、性别等条件进行信息检索，从而快速找到目标学生。

（二）用户管理

（1）用户登录：系统需提供用户登录功能，管理人员须输入用户名和密码进行身份验证，从而确保数据安全。

（2）权限控制：根据不同角色（如管理员、教师）设置不同的权限，限制用户的操作范围。

（三）数据持久化

（1）文本文件存储：所有的学生信息都存储在指定的文本文件中，系统支持信息的读取和写入操作，从而确保数据的持久性。

（2）数据备份：系统提供了数据备份和恢复功能，以应对意外情况下的数据丢失。

（四）统计与分析

（1）信息统计：系统能够对学生人数、性别比例等信息进行统计，以便为管理决策提供数据支持。

（2）生成报告：系统支持生成统计报告，以方便用户查看整体信息。

（五）系统维护

（1）日志记录：记录用户操作的日志，以便后续的系统维护和安全审计。

（2）系统更新：定期进行系统更新，以便增加新功能或修复已知问题，从而保证系统的稳定性和安全性。

本章内容仅限于学生信息管理，其他功能留"桩"待开发。

第二节　数据的定义与扩展

在学生基本信息管理系统中，数据类型的选择、定义和使用是确保系统正常运行的基础。数据类型不仅影响信息的存储方式，也决定了数据处理的效率和准确性。对于学生基本信息而言，合理的数据结构和数据类型能够有效支持系统的各种功能需求。本节将对学生基本信息的数据结构进行分析，并阐述数据类型的定义与使用。

一、学生基本信息的组成

在设计学生基本信息管理系统的数据结构时，需要考虑信息的多样性、查询效率和可扩展性。以下是学生基本信息的组成：

（1）学号：唯一标识每位学生的信息，通常为字符串类型，以避免前导零的问题。

（2）姓名：学生的姓名，字符串类型，支持中英文字符。

（3）性别：使用字符串类型（如"男""女"）表示，可用于后续的统计分析。

（4）出生日期：日期类型，便于进行年龄计算和相关查询[①]。

（5）联系方式：字符串类型，存储学生的手机号码或其他联系方式。

（6）专业：字符串类型，记录学生的专业信息，可用于专业分类和统计。

（7）入学年份：整型，表示学生的入学年份，可用于学生的年级分类。

注：在实际的学生信息管理系统中，学生信息的表示和管理远比示例复杂。

---

① 日期形式的字符串转换为日期类型，可以使用datetime.strptime("2003-09-01", "%Y-%m-%d")方式实现。其中datetime为内置标准库，strptime()函数是datetime模块中的一个方法，用于将字符串形式的日期转换为datetime对象。

二、用列表表示学生基本信息

在 Python 中实现学生基本信息管理系统时，有多种复合数据类型可供选择，如列表、字典等。以下是学生基本信息的嵌套列表表示：

```python
from  datetime  import  datetime
# 定义字段名称
fields = ["学号", "姓名", "性别", "出生日期", "电话", "专业", "入学年份"]
# 初始学生数据
students = [
    ["202301", "张三", "男", "2003-09-01", "13800138000", "管理学", 2021],
    ["202302", "李四", "女", "2003-10-01", "13800138001", "未来学", 2021]
]
```

列表以索引为基础，使用相关函数和方法操作学生信息。

三、用字典表示学生基本信息

字典以键值对的形式存储学生信息，可快速访问和修改学生信息。以下是学生基本信息的字典表示：

```python
from  datetime  import  datetime
# 定义字段名称
fields = ["学号", "姓名", "性别", "出生日期", "电话", "专业", "入学年份"]
# 将数据表示为字典形式
students = [
    {
        "学号": "202301",
        "姓名": "张三",
        "性别": "男",
        "出生日期": datetime.strptime("2003-09-01", "%Y-%m-%d"),
        "电话": "13800138000",
        "专业": "管理学",
        "入学年份": 2021
    }
]
```

四、对象表示学生基本信息

为了适应未来的扩展需求，可以将学生信息的结构进一步封装成类（class）。例如：

```python
class Student:
    def  __init__(self, student_id, name, gender, birth_date, contact, major, enroll-
ment_year):
        self.student_id = student_id
```

```
        self.name = name
        self.gender = gender
        self.birth_date = birth_date
        self.contact = contact
        self.major = major
        self.enrollment_year = enrollment_year
```

通过这种方式，可以更方便地对学生对象进行操作，如增加、删除、修改和查询，并为后续功能的扩展打下良好的基础。

五、用关系数据库表表示学生基本信息

为了适应未来的数据存储和性能扩展需求，将学生基本信息存储在关系数据库表中是一个非常好的选择。在 Python 中，内置的 sqlite3 模块可以实现上述功能。但限于篇幅，此处不展开叙述，读者可以参考 sqlite3 的相关资料自行实现。

第三节　学生信息管理功能的实现

在学生基本信息管理系统中，增加、删除、修改、查询（CRUD）是学生信息管理最基础、最核心的功能。这些操作可使管理人员高效地管理学生信息，并确保系统数据的时效性和准确性。本节将介绍基于列表的学生信息管理的功能实现，并提供相应的代码示例与实践练习。限于篇幅，本节采用字符界面的实现方式，并对功能进行了简化，读者如果需要完整的 GUI 代码可发邮件联系，邮件正文填写"学生信息管理"即可。

一、增加、删除、修改、查询功能的实现

（一）增加学生信息

增加学生信息是系统的首要功能之一。管理人员能够快速录入新学生的信息，并将其保存到系统中。实现这一功能的步骤如下：

（1）用户输入：通过用户界面提供输入框，要求用户填写学生的各项基本信息。

（2）数据校验：在数据录入前进行必要的校验，例如确保学号唯一、联系方式格式正确等。

（3）信息保存：将有效的学生信息存储到数据结构中，并在需要时写入到文本文件中以实现数据持久化。

以下是增加学生信息的基本代码示例：

```python
# 信息录入
def add_student():
    print("\n=== 添加学生信息 ===")
    student_id = input("请输入学号: ")
    name = input("请输入姓名: ")
```

```
gender = input("请输入性别 (男/女): ")
birth_date = input("请输入出生日期 (YYYY-MM-DD): ")
contact = input("请输入电话: ")
major = input("请输入专业: ")
enrollment_year = input("请输入入学年份: ")
# 性别校验
if gender not in ["男", "女"]:
    print("错误: 性别只能是 '男' 或 '女',请重新输入! ")
    return
# 添加学生信息
 students. append([student_id, name, gender, birth_date, contact, major, int(enroll-
ment_year)])
print("学生信息添加成功! ")
```

（二）删除学生信息

删除学生信息是管理系统中的一个重要功能。当某个学生不再需要管理时，系统应允许用户将其信息删除。实现这一功能的步骤如下：

（1）查找学生：通过学号或姓名查找待删除的学生信息。

（2）用户确认：在删除前，系统应要求用户确认是否真的要删除该信息，以防误操作。

（3）执行删除：在确认后，将该学生信息从数据结构中移除，并更新文本文件。

以下是删除学生信息的基本代码示例：

```
# 信息删除
def delete_student():
    print("\n=== 删除学生信息 ===")
    student_id = input("请输入要删除的学号: ")
    for student in students:
        if student[0] == student_id:
            students.remove(student)
            print("学生信息删除成功! ")
            return
    print("未找到该学号的学生信息! ")
```

（三）修改学生信息

在学生信息管理系统中，修改学生信息比较频繁。实现修改功能的步骤如下：

（1）查找学生：通过学号或其他标识符查找待修改的学生信息。

（2）输入新信息：提示用户输入新的信息，以更新学生的相关数据。

（3）执行修改：将新的信息更新到学生对象中，并在需要时更新文本文件。

以下是修改学生信息的基本代码示例：

```
# 信息修改
def update_student():
```

```
print("\n=== 修改学生信息 ===")
student_id = input("请输入要修改的学号: ")
for student in students:
    if student[0] == student_id:
        print("请输入新的学生信息（留空表示不修改）:")
        name = input(f"姓名 ({student[1]}): ") or student[1]
        gender = input(f"性别 ({student[2]}): ") or student[2]
        birth_date = input(f"出生日期 ({student[3]}): ") or student[3]
        contact = input(f"电话 ({student[4]}): ") or student[4]
        major = input(f"专业 ({student[5]}): ") or student[5]
        enrollment_year = input(f"入学年份 ({student[6]}): ") or student[6]
        # 更新学生信息
        student[1] = name
        student[2] = gender
        student[3] = birth_date
        student[4] = contact
        student[5] = major
        student[6] = int(enrollment_year) if enrollment_year else student[6]
        print("学生信息修改成功！")
        return
print("未找到该学号的学生信息！")
```

（四）查询学生信息

查询学生信息是系统的另一核心功能，用户可以通过多种条件快速检索学生信息。实现这一功能的步骤如下：

（1）输入查询条件：提供界面让用户选择查询条件，如学号、姓名等。

（2）执行查询：遍历学生列表，根据条件进行信息检索。

（3）展示结果：将查询结果以友好的格式展示给用户。

以下是查询学生信息的代码示例：

```
# 信息查询
def query_student():
    print("\n=== 查询学生信息 ===")
    student_id = input("请输入要查询的学号: ")
    for student in students:
        if student[0] == student_id:
            # 使用 tabulate 格式化输出
            print(tabulate([dict(zip(fields, student))], headers="keys", tablefmt="grid"))
            return
    print("未找到该学号的学生信息！")
```

二、代码集成

通过上述的增加、删除、修改、查询功能的实现，可以将这些操作整合到一个简单的学生管理系统中。以下是一个简单的主程序示例，演示如何使用这些功能：

```python
# 环境和数据初始化
from tabulate import tabulate
# 定义字段名称
fields = ["学号", "姓名", "性别", "出生日期", "电话", "专业", "入学年份"]
# 初始学生数据
students = [
    ["202301", "张三", "男", "2003-09-01", "13800138000", "管理学", 2021],
    ["202302", "李四", "女", "2003-10-01", "13800138001", "未来学", 2021]
]
# 学生信息管理功能实现
# 将"增加学生信息"的代码复制到此
# 将"修改学生信息"的代码复制到此
# 将"删除学生信息"的代码复制到此
# 将"查询学生信息"的代码复制到此
# "显示所有学生信息"的代码省略，读者自行补充
# 一级选单
def main_menu():
    while True:
        print("\n=== 学生信息管理系统 ===")
        print("㈠ 学生信息管理")
        print("㈡ 用户管理")
        print("㈢ 数据持久化")
        print("㈣ 统计与分析")
        print("㈤ 系统维护")
        print("0. 退出系统")
        choice = input("请选择操作 (0-5): ")
        if choice == "1":
            student_management_menu()
        elif choice == "2":
            user_management_menu()
        elif choice == "3":
            data_persistence_menu()
        elif choice == "4":
            statistics_menu()
        elif choice == "5":
```

```
                system_maintenance_menu()
        elif choice == "0":
            print("退出系统,再见! ")
            break
        else:
            print("无效的选择,请重新输入! ")
# 学生信息管理二级选单
def student_management_menu():
    while True:
        print("\n=== 学生信息管理 ===")
        print("1. 添加学生信息")
        print("2. 修改学生信息")
        print("3. 删除学生信息")
        print("4. 查询学生信息")
        print("5. 显示所有学生信息")
        print("0. 返回上级菜单")
        choice = input("请选择操作 (0-5): ")
        if choice == "1":
            add_student()
        elif choice == "2":
            update_student()
        elif choice == "3":
            delete_student()
        elif choice == "4":
            query_student()
        elif choice == "5":
            show_all_students()
        elif choice == "0":
            break
        else:
            print("无效的选择,请重新输入! ")
# 此处省略留桩部分代码,不影响主体程序的执行
# 启动程序
if __name__ == "__main__":
    main_menu()
```

第四节　用文本文件实现数据的持久化

在学生基本信息管理系统中,数据的持久化是保证信息存储和管理的一项重要功

能。持久化意味着系统能够在关闭后仍然保留数据，以便在下次使用时继续访问和操作。本节将介绍如何通过文本文件来实现数据的持久化，包括数据存储格式、读写操作的实现，以及具体的代码示例与实践练习。

一、使用文本文件存储数据

使用文本文件存储数据是一种简单而有效的方法，适合管理小型数据集。文本文件可以被轻松读取和编辑，支持多种平台和编程语言。

为了便于后续的数据读取与处理，需要设计合理的存储格式。以下是常见的文本文件存储格式：

（1）每行一条记录：每一行表示一个学生的信息，各项数据用特定分隔符分隔，例如逗号（,）或制表符（\t）。

（2）字段顺序一致：每条记录中的字段顺序保持一致，以方便读取时解析。

以下是数据格式的示例：

```
2023001,张三,男,2003-09-01,13800138000,管理学,2021
2023002,李四,女,2003-10-01,13800138001,未来学,2021
```

在这个格式中，每一行包含了学生的学号、姓名、性别、出生日期、联系方式、专业和入学年份，字段之间用逗号分隔。

二、读写操作实现

为了实现数据的持久化，需要编写读取和写入数据的函数。以下是具体的实现步骤：

（一）读取数据

读取数据的步骤如下：

（1）打开文件：使用读取模式打开文本文件。

（2）逐行读取：逐行读取文件内容，将每行数据解析为学生对象。

（3）数据存储：将解析后的学生对象存储到一个列表中，以便后续操作。

以下是读取数据的代码示例：

```python
def read_students_from_file(file_path):
    students = []
    try:
        with open(file_path, 'r', encoding='utf-8') as file:
            for line in file:
                # 去除换行符并分割字段
                fields = line.strip().split(',')
                if len(fields) == 7:  # 确保字段数目一致
                    student = Student(fields[0], fields[1], fields[2], fields[3], fields[4], fields[5], int(fields[6]))
                    students.append(student)
```

```
except FileNotFoundError:
    print("文件未找到,请检查文件路径。")
except Exception as e:
    print(f"读取文件时发生错误:{e}")


return students
```

（二）写入数据

写入数据的步骤如下：

（1）打开文件：使用写入模式打开文本文件。如果文件已存在，可以选择覆盖或追加。

（2）逐行写入：将每个学生对象的属性格式化为字符串，并逐行写入文件。

以下是写入数据的代码示例：

```
def write_students_to_file(file_path, students):
    try:
        with open(file_path, 'w', encoding='utf-8') as file:
            for student in students:
                line = f"{student.student_id},{student.name},{student.gender},{student.birth_date},{student.contact},{student.major},{student.enrollment_year}\n"
                file.write(line)
        print("学生信息已成功保存到文件。")
    except Exception as e:
        print(f"写入文件时发生错误:{e}")
```

本章小结

本章介绍了学生基本信息管理系统的设计与实现过程，包括系统的目标、功能需求、数据处理及持久化等。通过逐节分析，读者能够清晰地理解如何构建一个高效、灵活且界面友好的学生信息管理系统。

练习题

1.在"学生信息管理项目"中增加用户登录功能。

2.在"学生信息管理项目"中增加数据备份功能。

3.在"学生信息管理项目"中增加系统备份功能。

参考文献

［1］埃里克·马瑟斯 . Python 编程 : 从入门到实践［M］. 袁国忠 , 译 . 北京 : 人民邮电出版社 , 2016.

［2］赫特兰 . Python 基础教程［M］. 3 版 . 司维 , 曾军崴 , 谭颖华 , 译 . 北京 : 人民邮电出版社 , 2014.

［3］卫斯理·春 . Python 核心编程［M］. 3 版 . 孙波翔 , 李斌 , 李晗 , 译 . 北京 : 机械工业出版社 , 2016.

［4］斯维加特 . Python 编程快速上手——让繁琐工作自动化［M］. 王海鹏 , 译 . 北京 : 人民邮电出版社 , 2015.

［5］达斯·贝斯 , 琼斯 . Python Cookbook 中文版［M］. 3 版 . 陈舸 , 译 . 北京 : 人民邮电出版社 , 2015.

［6］布雷特·斯拉特金 . Effective Python : 编写高质量 Python 代码的 59 个有效方法［M］. 爱飞翔 , 译 . 北京 : 机械工业出版社 , 2015.

［7］米勒 , 拉努姆 . Python 数据结构与算法分析［M］. 2 版 . 孙广磊 , 译 . 北京 : 人民邮电出版社 , 2014.

［8］凡德普拉斯 . Python 数据科学手册［M］. 陶俊杰 , 陈小莉 , 译 . 北京 : 人民邮电出版社 , 2018.

［9］库克林 . Python 调试与测试［M］. 北京 : 机械工业出版社 , 2005.

［10］马克·萨默菲尔德 . Python 编程实战 : 运用设计模式、并发和程序库创建高质量程序［M］. 爱飞翔 , 译 . 北京 : 机械工业出版社 , 2015.

［11］王硕 . Python 文件操作与数据处理［M］. 北京 : 电子工业出版社 , 2018.

［12］张良均 . Python 数据分析与挖掘实战［M］. 北京 : 机械工业出版社 , 2018.

［13］洛特 . Python 面向对象编程指南［M］. 张心韬 , 兰亮 , 译 . 北京 : 机械工业出版社 , 2014.

［14］齐德 . Python 高级编程［M］. 姚军 , 夏海轮 , 王秀丽 , 译 . 北京 : 人民邮电出版社 , 2008.

［15］王硕 . Python GUI 设计 : PyQt5 从入门到实践［M］. 北京 : 电子工业出版社 , 2019.

［16］格鲁斯 . Python 数据科学入门［M］. 2 版 . 张亮 , 译 . 北京 : 人民邮电出版社 , 2020.

［17］Python Software Foundation. Python 官方文档［EB/OL］. 美国加利福尼亚州圣马特

奥市：Python 软件基金会，2023（2023-10-01）. https://docs.python.org/zh-cn/3/.

　　［18］Real Python. Real Python［EB/OL］. 美国得克萨斯州奥斯汀市：Real Python 团队，2023（2023-10-01）. https://realpython.com/.

　　［19］LeetCode. LeetCode［EB/OL］. 美国加利福尼亚州旧金山市：LeetCode 团队，2023（2023-10-01）. https://leetcode.com/.